Иван Любимов

Подвеска автомобиля

Иван Любимов

Подвеска автомобиля

Свободные и вынужденные гармонические колебания

LAP LAMBERT Academic Publishing

Impressum / Выходные данные
Bibliografische Information der Deutschen Nationalbibliothek: Die Deutsche
Nationalbibliothek verzeichnet diese Publikation in der Deutschen Nationalbibliografie;
detaillierte bibliografische Daten sind im Internet über http://dnb.d-nb.de abrufbar.

Библиографическая информация, изданная Немецкой Национальной
Библиотекой. Немецкая Национальная Библиотека включает данную
публикацию в Немецкий Книжный Каталог; с подробными
библиографическими данными можно ознакомиться в Интернете по адресу
http://dnb.d-nb.de.

Coverbild / Изображение на обложке предоставлено: www.ingimage.com

Verlag / Издатель:
LAP LAMBERT Academic Publishing
ist ein Imprint der / является торговой маркой
OmniScriptum GmbH & Co. KG
Heinrich-Böcking-Str. 6-8, 66121 Saarbrücken, Deutschland / Германия
Email / электронная почта: info@lap-publishing.com

Herstellung: siehe letzte Seite /
Напечатано: см. последнюю страницу
ISBN: 978-3-659-61490-3

ОГЛАВЛЕНИЕ

ВВЕДЕНИЕ

Технический прогресс в машиностроении связан с созданием и совершенствованием конструкций, отвечающих современным требованиям. Система подрессоривания относится к наиболее важным системам, поскольку она влияет практически на все эксплуатационные свойства автомобиля. Повышение качества работы подвески, учитывая противоречивости предъявляемых к ней требований, является весьма сложной задачей, решение которой связано с обобщением результатов аналитических и экспериментальных исследований и с проведением новых, более глубоких исследований по созданию подвески, соответствующей выбранному критерию оптимизации, учитывая и условия эксплуатации автомобиля.

Аналитические исследования основаны на использовании математических моделей колебательного процесса, которые постоянно совершенствуются, с целью установления новых связей между параметрами колебаний автомобиля и параметрами системы подрессоривания. Повышение достоверности результатов аналитического исследования связано с использованием всё более сложных математических моделей, отражающих влияние на колебательный процесс как можно большего числа факторов, в том числе и нелинейности рабочих характеристик элементов системы подрессоривания.

Имеющиеся исследования вызваны, в основном, потребностью повышения плавности хода и мало исследованными остаются, связанные с безопасностью движения, вопросы динамической устойчивости автомобиля, важность которых с увеличением скоростей движения возрастает.

В данной работе представлены результаты аналитического исследования влияния весовых параметров подрессоривания, рабочих характеристик (параметров) упругих элементов и амортизаторов на собственные и вынужденные гармонические колебания автомобиля. В качестве характеристик, оценивающих эффективность системы подрессоривания, помимо плавности хода, рассматривается стабильность силового контакта колёс с дорогой, определяющая, управляемость, устойчивость и тормозную динамику, определяющие безопасность автомобиля, особенно при высоких скоростях движения и малых коэффициентах сцепления шин с дорогой.

Рассматривается также вопрос регулирования подвески по параметрам собственных колебаний подрессоренных масс – частоте и относительному коэффициенту затухания, которые, наряду с такими же параметрами колебаний неподрессоренных масс, характеризуют динамическую индивидуальность колебательной системы автомобиля и располагая информацией о которой можно в значительной мере предсказать поведение автомобиля в различных условиях эксплуатации.

3

1. АВТОМОБИЛЬ И ЕГО КОЛЕБАНИЯ

1.1. Дифференциальные уравнения движения масс эквивалентной колебательной системы

Двухосный автомобиль представляет собой трёхмассовую колебательную систему (рис.1,*а*), состоящую из подрессоренной массы M_p с моментом инерции J_{oy} относительно поперечной оси, проходящей через центр масс, неподрессоренных масс, упругих элементов подвески и амортизаторов. Упрощая ее, в качестве расчетной принимаем схему, представленную на рис.1,*б*, соответствующую системе подрессоривания с коэффициентом распределения подрессоренных масс $\varepsilon_y = 1$. Это позволяет колебания передней и задней частей автомобиля рассматривать, как взаимонезависимые, что упрощает проведения исследований по оценке влияние на колебательный процесс рабочих характеристик и весовых параметров системы подрессоривания. В схеме 1,*б*, объединяющей левые и правые подвески переднего (заднего) моста, использованы обозначения: M_p и M_n – массы подрессоренных и неподрессоренных частей, приходящиеся на рассматриваемую подвеску; C_p, K_p – коэффициенты жесткости упругих элементов подвески и сопротивления амортизаторов. Контакт шин с неровностями дороги считаем точечным, а сами шины рассматриваем как упруго-диссипативную систему с коэффициентами радиальной жесткости C_n и неупругого сопротивления K_n.

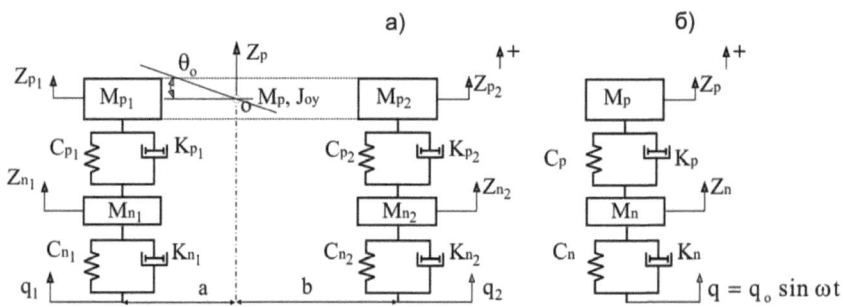

Рис. 1. Колебательная система эквивалентная ходовой части автомобиля (а) и расчётная колебательная система (б)

Полагая амплитуды колебаний подрессоренной и неподрессоренной масс малыми, для получения уравнений движения используем уравнение Лагранжа второго рода

$$\frac{d}{dt}\frac{\partial T}{\partial \dot{Z}_i} - \frac{\partial T}{\partial Z} = -\frac{\partial \Pi}{\partial Z_i} - \frac{\partial \Phi}{\partial \dot{Z}_i}. \qquad (1)$$

Входящие в (1) выражения кинетической энергии колебательной системы – T, потенциальной – Π и энергии рассеивания – Φ (диссипативной функция Релея) имеют вид

$$T = ((M_p + M_n) \cdot V_a^2 + M_p \cdot \dot{Z}_p^2 + M_n \cdot \dot{Z}_n^2)/2;$$
$$\Pi = (C_n \cdot (Z_n - q) + C_p \cdot (Z_p - Z_n))/2; \qquad (2)$$
$$\Phi = (K_n \cdot (\dot{Z}_n - \dot{q})^2 + K_p \cdot (\dot{Z}_p - \dot{Z}_n)^2)/2.$$

Дифференцируя уравнения (2) по обобщенным координатам Z_n и Z_p, получаем

$$\frac{d}{dt}\frac{\partial T}{\partial \dot{Z}_n} = M_n \cdot \ddot{Z}_n; \qquad\qquad \frac{d}{dt}\frac{\partial T}{\partial \dot{Z}_p} = M_p \cdot \ddot{Z}_p;$$

$$\frac{\partial T}{\partial Z_n} = 0; \qquad\qquad\qquad \frac{\partial T}{\partial Z_p} = 0;$$

$$\frac{\partial \Pi}{\partial Z_n} = C_n(Z_n - q) - C_p(Z_p - Z_n); \qquad \frac{\partial \Pi}{\partial Z_p} = C_p(Z_p - Z_n);$$

$$\frac{\partial \Phi}{\partial \dot{Z}_n} = K_n(\dot{Z}_n - \dot{q}) - K_p(\dot{Z}_p - \dot{Z}_n); \qquad \frac{\partial \Phi}{\partial \dot{Z}_p} = K_p(\dot{Z}_p - \dot{Z}_n).$$

После подстановки в уравнение (1) выражений производных, получаем систему из дифференциальных уравнений

$$M_n \cdot \ddot{Z}_n + C_n(Z_n - q) + K_n(\dot{Z}_n - \dot{q}) - C_p(Z_p - Z_n) - K_p(\dot{Z}_p - \dot{Z}_n) = 0;$$
$$M_p \cdot \ddot{Z}_p + C_p(Z_p - Z_n) + K_p(\dot{Z}_p - \dot{Z}_n) = 0.$$

Переходя от кинематического возбуждения, вызванного воздействием на колёса неровностей дороги к эквивалентному силовому возбуждению, получаем

$$M_n \cdot \ddot{Z}_n + C_n \cdot Z_n + K_n \cdot \dot{Z}_n - C_p(Z_p - Z_n) - K_p(\dot{Z}_p - \dot{Z}_n) = F_e \sin(\omega t + f_e);$$
$$M_p \cdot \ddot{Z}_p + C_p(Z_p - Z_n) + K_p(\dot{Z}_p - \dot{Z}_n) = 0, \qquad (4)$$

где F_e, f_e – соответственно, модуль эквивалентной возмущающей силы и фазовый угол между вынужденными колебаниями и возмущающим воздействием дороги, обусловленный упругодемпфирующими свойствами шин [3].

Решая систему (4), получаем уравнения, описывающие вертикальные перемещения подрессорных и неподрессоренных масс рассматриваемой подвески при установившихся гармонических колебаниях:

$$Z_n = \sqrt{\frac{a_1^2 + a_2^2}{a_3^2 + a_4^2}} \cdot F_e \sin(\omega t - f_n); \qquad (5)$$

$$Z_p = \sqrt{\frac{a_5^2 + a_6^2}{a_3^2 + a_4^2}} \cdot F_e \sin(\omega t - f_p). \qquad (6)$$

Колебания неподрессоренной и подрессоренной масс по отношению к возмущающему воздействию $q = q_0 \sin \omega t$ дороги происходят с запаздыванием по фазе, соответственно на углы

$$f_n = \text{arctg} \left(\frac{a_1 \cdot a_4 - a_2 \cdot a_3}{a_1 \cdot a_3 + a_2 \cdot a_4} \right) - f_e; \qquad (7)$$

$$f_p = \text{arctg} \left(\frac{a_5 \cdot a_4 - a_6 \cdot a_3}{a_5 \cdot a_3 + a_6 \cdot a_4} \right) - f_e, \qquad (8)$$

где : $a_1 = C_p \cdot (1 - \delta_1^2)$; $\delta_1 = \omega / \omega_{po}$; $\delta_2 = \omega / \omega_{no}$; $a_2 = K_p \cdot \omega$; $a_5 = -C_p$; $a_6 = -K_p \cdot \omega$;

$$a_3 = \{ C_p + C_n \cdot (1 - \delta_2^2) \} \cdot \{ C_p \cdot (1 - \delta_2^2) \} - C_p^2 - \omega^2 \cdot \{ (K_n + K_p) \cdot K_p - K_p^2 \};$$

$$a_4 = \omega \cdot \{ (K_n + K_p) \cdot C_p \cdot (1 - \delta_1^2) + K_p (C_p + C_n (1 - \delta_2^2)) - 2 \cdot C_p \cdot K_p \}. \qquad (9)$$

1.2. Свободные колебания подрессоренной и неподрессоренной масс

Свободными являются колебания автомобиля на ровной дороге, возникающие после проезда неровностей. Характеризующие свободные колебания собственные частоты и коэффициенты затухания колебаний подрессоренных и неподрессоренных масс определяют динамическую индивидуальность колебательной системы, которая проявляется и при вынужденных колебаниях автомобиля, как гармонического, так и случайного характера. Изменяя параметры подвески можно добиться исключения совпадения частот собственных колебаний подрессоренных и неподрессоренных масс с частотами возмущения, тем самым исключить резонансные режимы колебаний из числа эксплуатационных, либо уменьшить их интенсивность.

Чтобы целенаправленно влиять на параметры собственных колебаний, прежде всего, надо уметь их определять. Частоты и относительные коэффициенты затухания собственных колебаний определяют из характеристического (частотного) уравнения, решение которого представляет собою довольно сложную задачу даже для двухмассовой динамической системы. По этой причине, как правило, прибегают к упрощенным и приближённым методам расчета [10,15], общим недостатком которых является необходимость принятия допущений, обоснованность и значимость которых может быть установлена только, если известно точное решение.

Приближенные расчетные формулы для подвесок грузовых автомобилей, предложенные Н.Н. Яценко и О.К. Прутчиковым [15], основаны на решении характеристического уравнения при упрощающем допущении, что влияние сопротивления амортизаторов на собственные частоты колебаний пренебрежимо мало. Допускаемая при этом ошибка зависит от параметров системы подрессоривания и, как считают сами авторы, "в случае исследования систем с большим отличием соотношений параметров подвески от обычно встречающихся, предложенные формулы могут быть использованы в качестве первых приближений".

Д.В. Гельфгатом [10] для решения характеристического уравнения разработан метод последовательных приближений, основанный на использовании зависимостей, существующих между коэффициентами характеристического уравнения и его корнями. К недостатку метода, помимо его приближенного характера, следует отнести то, что используемые зависимости получены без учета неупругого сопротивления шин, влияние которого на интенсивность колебаний колес при высокочастотном (колесном) резонансе может быть значительным.

В данном исследовании параметры собственных колебаний определяются с использованием точного решения характеристического уравнения. Для принятой к расчету колебательной системы уравнения свободных колебаний получаем, исключением из уравнений (4) внешнего возмущающего воздействия:

$$M_p \cdot \ddot{Z}_p + C_p(Z_p - Z_n) + K_p(\dot{Z}_p - \dot{Z}_n) = 0;$$
$$M_n \cdot \ddot{Z}_n - C_p(Z_p - Z_n) - K_p(\dot{Z}_p - \dot{Z}_n) + C_n \cdot Z_n + K_n \cdot \dot{Z}_n = 0. \qquad (10)$$

Для упрощения записи систему (10) преобразуем к виду

$$\ddot{Z}_p + b_{11} \cdot (\dot{Z}_p - \dot{Z}_n) + a_{11} \cdot Z_p - a_{11} \cdot Z_n = 0; \qquad (11)$$
$$\ddot{Z}_n - b_{12} \cdot (\dot{Z}_p - \dot{Z}_n) - a_{21} \cdot Z_p - a_{21} \cdot Z_n + a_{22} \cdot Z_n + b_{21} \cdot Z_n = 0,$$

где: $b_{11} = \dfrac{K_p}{M_p}$; $a_{11} = \dfrac{C_p}{M_p}$; $b_{12} = \dfrac{K_p}{M_n}$; $a_{21} = \dfrac{C_p}{M_n}$; $a_{22} = \dfrac{C_n}{M_n}$; $b_{21} = \dfrac{K_n}{M_n}$.

Частное решение уравнений (11) будем искать в форме

$$Z_p = Z_p e^{\lambda \cdot t}; \qquad Z_n = Z_n e^{\lambda \cdot t}. \tag{12}$$

После подстановки представлений (12) в уравнение (11) и отбрасывания одинакового для всех членов множителя $e^{\lambda \cdot t}$, получаем систему уравнений

$$
\begin{aligned}
(\lambda^2 + b_{11} \cdot \lambda + a_{11}) \cdot Z_p - (b_{11} \cdot \lambda + a_{11}) \cdot Z_n = 0; \\
-(b_{12} \cdot \lambda + a_{21}) \cdot Z_p + (\lambda^2 + (b_{21} + b_{12}) \cdot \lambda + a_{21} + a_{22}) \cdot Z_n = 0.
\end{aligned} \tag{13}
$$

Ненулевое решение, т.е. не тривиальное (когда $Z_p = Z_n = 0$), система алгебраических уравнений (13) будет иметь, когда, составленный из коэффициентов при перемещениях Z_p и Z_n, определитель равен нулю:

$$\Delta = \begin{vmatrix} \lambda^2 + b_{11} \cdot \lambda + a_{11} & -(b_{11} \cdot \lambda + a_{11}) \\ -(b_{12} \cdot \lambda + a_{21}) & \lambda^2 + (b_{21} + b_{12}) \cdot \lambda + a_{21} + a_{22} \end{vmatrix} = 0.$$

Раскрывая данный определитель, получаем характеристическое (частотное) уравнение четвёртой степени

$$\lambda^4 + a_3 \cdot \lambda^3 + a_2 \cdot \lambda^2 + a_1 \cdot \lambda + a_0 = 0. \tag{14}$$

Постоянные a_0, a_1, a_2, a_3 выражаются через параметры колебательной системы: $a_0 = C_p \cdot C_n / M_p \cdot M_n$; $a_1 = (C_p \cdot K_n + C_n \cdot K_p) / M_p \cdot M_n$;
$a_2 = (C_p(M_p + M_n) + C_n \cdot M_p + K_p \cdot K_n) / M_p \cdot M_n$; $a_3 = (K_p(M_p + M_n) + K_n \cdot M_p) / M_p \cdot M_n$.

Для отыскания корней характеристического уравнения воспользуемся методом решения его в радикалах, разработанным Феррари [5], в соответствии с которым полином (14) преобразуется к виду

$$\lambda^4 + a_3 \cdot \lambda^3 = -a_2 \cdot \lambda^2 - a_1 \cdot \lambda - a_0. \tag{15}$$

Прибавив к обеим частям уравнения выражение $\dfrac{a_3^2 \cdot \lambda^2}{4}$, получим

$$\lambda^4 + a_3 \cdot \lambda^3 + \frac{a_3^2 \cdot \lambda^2}{4} = \frac{a_3^2 \cdot \lambda^2}{4} - a_2 \cdot \lambda^2 - a_1 \cdot \lambda - a_0$$

или

$$(\lambda^2 + \frac{a_3^2 \cdot \lambda}{4})^2 = (\frac{a_3^2}{4} - a_2) \cdot \lambda - a_1 \cdot \lambda - a_0. \tag{15,a}$$

После введения вспомогательной функции Y и ряда преобразований зависимость (15,а) принимает вид

$$\left(\lambda^2 + \frac{a_3 \cdot \lambda}{2} + \frac{Y^2}{2}\right)^2 = \left(\frac{a_3^2}{4} - a_2 + Y\right)\cdot\lambda^2 + \left(\frac{a_3 \cdot Y}{2} - a_1\right)\cdot\lambda + \left(\frac{Y^2}{4} - a_0\right). \quad (16)$$

Вспомогательную функцию Y в уравнении (16) подбираем таким образом, чтобы правая часть уравнения представляла собой полный квадрат. Тогда уравнение (16) преобразуется в уравнение кубической резольвенты

$$Y^3 - a_2 \cdot Y^2 + (a_3 \cdot a_1 - 4 \cdot a_0) \cdot Y - a_0 \cdot (a_3^2 - 4 \cdot a_2) + a_1^2 = 0. \quad (17)$$

Уравнение (17) имеет три решения. Используя одно из решений, которым, как правило, является наибольшее из значений $Y = Y_0$, уравнение (16) приводится к двум уравнениям второй степени

$$\lambda^2 + \frac{a_3}{2}\cdot\lambda + \frac{Y}{2} = \lambda \cdot \sqrt{\frac{a_3^2}{4} - a_2 + Y} + \sqrt{\frac{Y}{4} - a_0} = 0; \quad (18)$$

$$\lambda^2 + \frac{a_3}{2}\cdot\lambda + \frac{Y}{2} = -\lambda \cdot \sqrt{\frac{a_3^2}{4} - a_2 + Y} - \sqrt{\frac{Y}{4} - a_0}. \quad (19)$$

После подстановки в (18) и (19) значения $Y = Y_0$ получаем

$$\lambda^2 + (\frac{a_3}{2} - \lambda \cdot \sqrt{\frac{a_3^2}{4} - a_2 + Y_0} + \frac{Y_0}{2} - \sqrt{\frac{Y_0}{4} - a_0} = 0; \quad (20)$$

$$\lambda^2 + (\frac{a_3}{2} + \lambda \cdot \sqrt{\frac{a_3^2}{4} - a_2 + Y_0} + \frac{Y_0}{2} + \sqrt{\frac{Y_0}{4} - a_0} = 0. \quad (21)$$

Решениями квадратных уравнений (20) и (21) являются две пары комплексно-сопряженных корней

$$\lambda_{1,2} = -h_p \pm i\omega_p; \quad (22)$$
$$\lambda_{3,4} = -h_n \pm i\omega_n, \quad (23)$$

составляющими, которых являются низкая ω_p и высокая ω_n частоты собственных колебаний системы и коэффициенты h_p, h_n, характеризующие силы сопротивления в подвеске колебаниям подрессоренных и неподрессоренных масс.

9

По данной методике произведен расчет параметров собственных колебаний (ω_p, ω_n, h_p, h_n) для передней подвески автомобиля ВАЗ-2123 [4]. Определялись также относительные коэффициенты затухания колебаний подрессоренной и неподрессоренной масс – $\psi_p = h_p / \omega_p$ и $\psi_n = h_n / \omega_n$, которые, помимо сопротивления амортизаторов, учитывают также весовые параметры системы подрессоривания, жесткости упругих элементов подвески и шин и поэтому более полно, по сравнению с коэффициентами h_p и h_n, характеризуют демпфирующие свойства колебательной системы.

Для большинства современных автомобилей значения коэффициентов з относительного затухания ψ_p и ψ_n примерно одинаковы и находятся в пределах 0,25÷0,35, обеспечивающих необходимый уровень демпфирования колебаний и кузова, и колес. Сравнивая полученные расчётом значения ψ_p и ψ_n с данным уровнем коэффициентов можно судить о достаточности демпфирующей способности амортизаторов проектируемого автомобиля.

В ходе исследования значения параметров ω_p, ω_n и ψ_p, ψ_n определялись также по методу последовательных приближений Д.В. Гельфгата, что

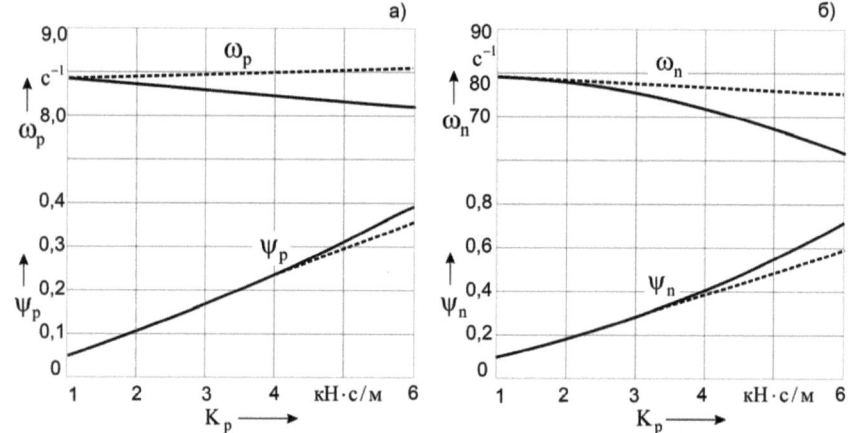

Рис. 2. Влияние метода решения характеристического уравнения на собственные колебания подрессоренной (а) и неподрессоренной (б) масс легкового автомобиля при различном сопротивлении амортизаторов:

——————— – точное решение; ---------- – по методу Д. В. Гельфгата

позволило оценить точность предложенных им зависимостей между коэффициентами частотного уравнения и его корнями. Установлено, что наибольшее влияние на ошибку при определении параметров собственных колебаний по способу Д.В. Гельфгата оказывает величина коэффициента сопротивления амортизаторов. Как видим на рис.2, низкая и высокая собственные частоты колебаний, определяемые по методу Д.В. Гельфгата, оказываются завышенными, а значения коэффициентов относительного затухания ψ_p и ψ_n – заниженными, по сравнению с точным решением, и тем значительнее, чем больше величина коэффициента сопротивления K_p.

Принимая во внимание довольно слабую зависимость собственных частот от интенсивности демпфирования, коэффициенты форм главных колебаний, определяющие соотношение амплитуд и относительное направление перемещений подрессоренной и неподрессоренной масс, находим по формулам для колебательной системы без демпфирования, которая имеет не четыре, а две формы главных колебаний. Такое допущение значительно упрощает расчет и является общепринятым при исследовании колебательных систем [12]. Для первого главного колебания, совершаемого с меньшей из собственных частот колебаний – ω_p, аналитическое выражение для коэффициента формы записывается

$$N1 = Z_n 1 / Z_p 1 = 1 - \omega_p^2 / \omega_{po}^2 \, , \qquad (24)$$

и для второго главного колебания, совершаемого с более высокой собственной частотой ω_n:

$$N2 = Z_n 2 / Z_p 2 = 1 - \omega_n^2 / \omega_{po}^2 \, , \qquad (25)$$

где $\omega_{po} = \sqrt{2C_p / M_p}$ – парциальная собственная частота колебаний подрессоренной массы.

Для уменьшения влияния принятого допущения о независимости частот собственных колебаний системы от демпфирования, в формулах (24) и (25) используем численные значения собственных частот, полученные из точного решения характеристического уравнения. Принятое упрощающее допущение позволяет решение уравнений движения масс колебательной системы представить в виде

$$Z_p \approx (A\cos\omega_p t + B\sin\omega_p t)e^{-h_n \cdot t} + (C\cos\omega_n t + D\sin\omega_n t)e^{-h_n \cdot t} \, ;$$
$$Z_n \approx N1(A\cos\omega_p t + B\sin\omega_p t)e^{-h_n \cdot t} + N2(C\cos\omega_n t + D\sin\omega_n t)e^{-h_n \cdot t} . \qquad (26)$$

Постоянные интегрирования A, B, C, D в полученных уравнениях определяем из начальных условий движения подрессоренной и неподрессоренной масс расчётной колебательной системы: перемещений Z_{po}, Z_{no} и скорости перемещений $\dot{Z}_{po}$, $\dot{Z}_{no}$ в начальный момент времени $t = 0$. После подстановки начальных условий в уравнение перемещений Z_p, Z_n и их производных $\dot{Z}_p, \dot{Z}_n$ приходим к системе из четырех уравнений

$$Z_{\text{po}} = A + C;$$
$$Z_{\text{no}} = N1 \cdot A + N2 \cdot C;$$
$$\dot{Z}_{\text{po}} = -A \cdot h_p + B \cdot \omega_p - C \cdot h_n + D \cdot \omega_n; \qquad (27)$$
$$\dot{Z}_{\text{no}} = -N1 \cdot A \cdot h_p + N1 \cdot B \cdot \omega_p - N2 \cdot C \cdot h_n + N2 \cdot D \cdot \omega_n,$$

решая которую получаем

$$A = \frac{Z_{\text{po}} - N2 \cdot Z_{\text{po}}}{N1 - N2}; \quad B = \frac{\dot{Z}_{\text{po}} + h_p \cdot Z_{\text{po}} - N2(\dot{Z}_{\text{po}} + h_n \cdot Z_{\text{po}})}{\omega_p (N2 - N1)};$$

$$C = \frac{N1 \cdot Z_{\text{po}} - Z_{\text{no}}}{N1 - N2}; \quad D = \frac{N1 \cdot (\dot{Z}_{\text{po}} + h_n \cdot Z_{\text{po}}) - (\dot{Z}_{\text{no}} + h_n \cdot Z_{\text{no}})}{\omega_n \cdot (N1 - N2)}. \qquad (28)$$

Согласно уравнениям (26), свободные колебания являются двухчастотными. На колебания подрессоренных масс (кузова), совершаемые с низкой собственной частотой:

$$Z'_p = (A\cos\omega_p t + B\sin\omega_p t)e^{-h_p \cdot t} \qquad (29)$$

накладывается составляющая с высокой собственной частотой, обусловленная влиянием колебаний неподрессоренных масс:

$$Z''_p = (C\cos\omega_n t + D\sin\omega_n t)e^{-h_n \cdot t}. \qquad (30)$$

Аналогично, на колебания неподрессоренных масс с высокой собственной частотой:

$$Z''_n = N2(C\cos\omega_n t + D\sin\omega_n t)e^{-h_n \cdot t} \qquad (31)$$

накладывается низкочастотная составляющая с собственной частотой, обусловленная влиянием колебаний подрессоренных масс:

$$Z'_n = N1(A\cos\omega_p t + B\sin\omega_p t)e^{-h_p \cdot t}. \qquad (32)$$

Заметим, что составляющие с низкой и высокой собственными частотами являются простыми гармоническими колебаниями, тогда как результаты наложения друг на друга низко- и высокочастотных составляющих колебаний представляют собой уже сложные движения. Кривые затухания свободных колебаний подрессоренной и неподрессоренной масс легкового автомобиля, построенные по уравнениям (26), приведены на рис.3 и рис. 4.

Взаимное влияние колебаний подрессоренных и неподрессоренных час-

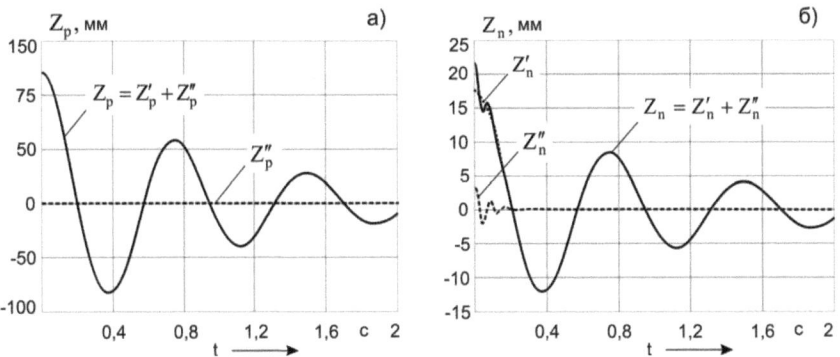

Рис. 3. Низко - и высокочастотные составляющие затухающих колебаний подрессоренной (а) и неподрессоренной (б) масс передней подвески ВАЗ-2123 при начальных условиях: $Z_{po} = 110$ мм; $Z_{no} = 22$ мм; $\dot{Z}_{po} = \dot{Z}_{no} = 0$

тей автомобиля зависит от соотношения их масс, частот собственных колебаний и демпфирования в системе. При силе сопротивлении амортизатора пропорциональной скорости деформации подвески высокочастотные колебания гасятся значительно с большей интенсивностью, чем низкочастотные [10]. Поэтому, обусловленная влиянием неподрессоренных масс, высокочастотная составляющая Z_p'', почти незаметна (рис.3,*а*) и затухание колебаний кузова

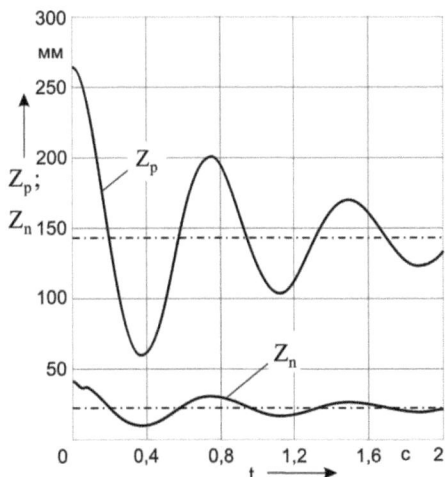

Рис. 4. Перемещения подрессоренной и неподрессоренной масс автомобиля ВАЗ-2123 при свободных затухающих колебаниях

почти полностью определяет низкочастотная составляющая колебаний Z_p'. На интенсивность гашения колебаний неподрессоренных масс (колес) колебания подрессоренных масс (кузова) также оказывают определяющее влияние. Небольшая е высокочастотная составляющая колебаний неподрессоренных масс – Z_n'' быстро исчезает (рис.3,*б*) и в дальнейшем колебания неподрессоренных масс затухают практически с частотой собственных колебаний подрессоренных масс (кузова) (рис.4).

Очевидно, чем значительнее масса подрессоренных частей автомобиля будет превосходит массу неподрессоренных частей, тем с меньшей интенсивностью будут затухать колебания колес. Это следует из графиков на рис.5, где представлены кривые затухания колебаний подрессоренных и неподрессоренных масс грузового автомобиля в снаряженном и полностью груженом состояниях.

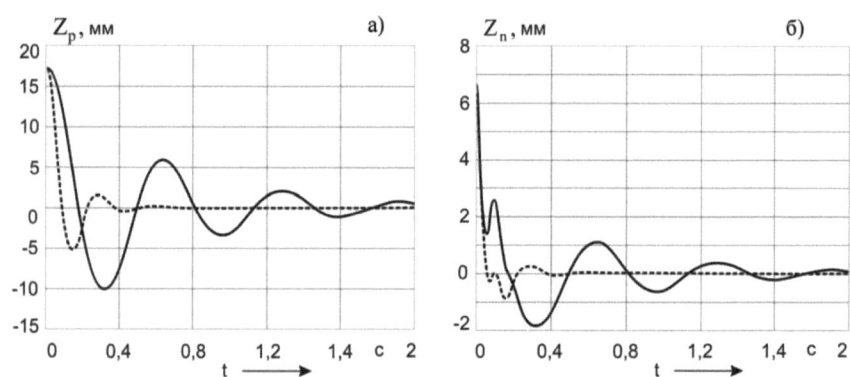

Рис. 5. Влияние массы подрессоренной части на затухание колебаний кузова (а) и колес (б) автомобиля ЗиЛ-130 (задняя подвеска):

- - - - - - - - — снаряженное состояние (M_p = 1230 кг);

————— — полная нагрузка (M_p =6000кг)

1.3. Параметрический анализ собственных колебаний подрессоренной и неподрессоренной масс

В ходе исследования оценивалось влияние на параметры собственных колебаний (собственные частоты и коэффициенты относительного затухания колебаний подрессоренных и неподрессоренных масс) следующих характеристик системы подрессоривания: весовых параметров, жесткости упругих элементов подвески, радиальной жесткости шин, сопротивления амортизаторов и неупругого сопротивления шин.

Жесткость упругих элементов подвески (рис.6,*а* и табл.1). С увеличением жесткости упругих элементов собственная частота колебаний подрессоренной массы ω_p повышается. При сохранении неизменным сопротивления амортизатора (K_p = const) это сопровождается уменьшением коэффициента относительного затухания ψ_p, что означает ослабление демпфирования колебаний кузова. Поэтому при установке в подвеске упругих элементов большей жесткости, необходимый уровень демпфирования колебаний подрессоренных масс автомобиля (кузова) может быть достигнут только при использовании

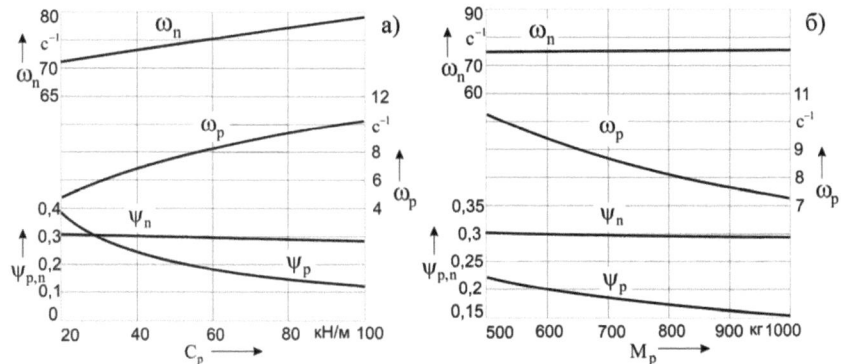

Рис. 6. Влияние жесткости подвески (а) и подрессоренной массы (б) на собственные частоты и коэффициенты относительного затухания колебаний кузова и колес легкового автомобиля

амортизаторов с большим сопротивлением.

Аналогично по характеру, но значительно в меньшей степени, жесткость упругих элементов влияет и на собственные колебания неподрессоренной массы: с увеличением жесткости подвески собственная частота колебаний ω_n повышается, что при неизменной регулировке амортизатора ведёт к снижению величины коэффициента относительного затухания ψ_n .

Масса подрессоренной части (рис. 6,*б* и табл.1). Как видим, при уменьшении подрессоренной массы низкая собственная частота колебаний ω_p повышается и сопровождается возрастанием относительного коэффициента затухания ψ_p . Следовательно, согласно зависимости $\psi_p = h_p / \omega_p$, с уменьшением массы подрессоренной части величина коэффициента h_p , характеризующего силы сопротивления в подвеске колебаниям подрессоренной массы, возрастает больше, чем собственная частота колебаний. Поэтому, с уменьшением загруженности автомобиля для поддержания низкой собственной частоты и интенсивности затухания колебаний кузова следует использовать упругие элементы меньшей жесткости и менее ”жёсткие” амортизаторы. На параметры собствен-

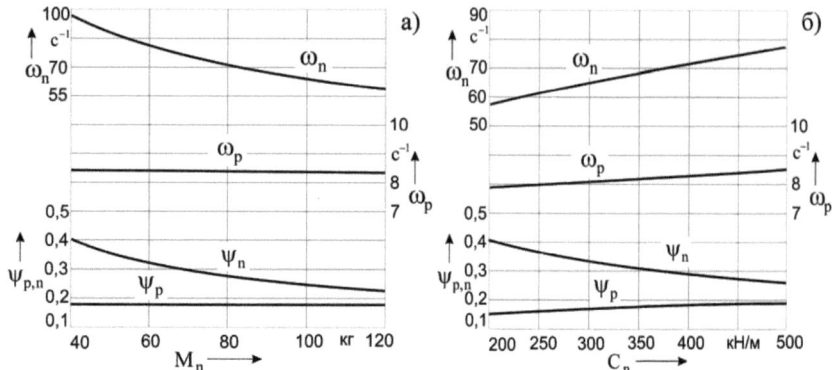

Рис. 7. Влияние неподрессоренной массы (а) и жесткости шин (б) на собственные частоты и коэффициенты относительного затухания колебаний подрессоренной и неподрессоренной масс легкового автомобиля

ных колебаний неподрессоренных масс величина массы подрессоренных частей, как видим, влияет незначительно.

Масса неподрессоренной части (рис.7,*а* и табл.1). Из представленных графиков следует, что с увеличением неподрессоренной массы собственная частота и относительный коэффициент затухания колебаний неподрессоренных масс уменьшаются. Это означает, что колебания колес будут демпфироваться недостаточно, и возможен отрыв их от дороги, что опасно, прежде всего, потерей управляемости. Параметры низкочастотных собственных колебаний от величины массы неподрессоренной части, как видим, почти не зависят.

Радиальная жесткость шин (рис.7,*б* и табл.1). Как и величина неподрессоренной массы, радиальная жесткость шин влияет, в основном, на высокочастотные собственные колебания. С увеличением жесткости шин собственная частота колебаний неподрессоренной массы возрастает, тогда, как относительный коэффициент затухания высокочастотных собственных колебаний уменьшается. Следовательно, при установке на автомобиль более жестких шин для обеспечения достаточного демпфирования колебаний колёс следует использовать амортизаторы с большим сопротивлением.

По сравнению с высокочастотными колебаниями, влияние жесткости шин на собственные колебания низкой частоты, небольшое: повышение жёсткости шин вызывает незначительное увеличение частоты ω_p и коэффициента относительного затухания ψ_p.

Сопротивление амортизатора (рис.8 и табл.1). С уменьшением сопротивления низкая и высокая собственные частоты колебаний возрастают и, как видим, зависимость высокой собственной частоты от сопротивления амортизатора более сильная. Относительные коэффициенты затухания собственных колебаний и низкой, и высокой частоты с уменьшением коэффициента сопротивления K_p уменьшаются, и в большей степени ослабевает демпфирование колебаний неподрессоренных масс. Следовательно, неизбежное снижение в процессе эксплуатации работоспособности амортизаторов проявится ухудшением плавности хода автомобиля, вследствие недостаточного демпфирования колебаний кузова и

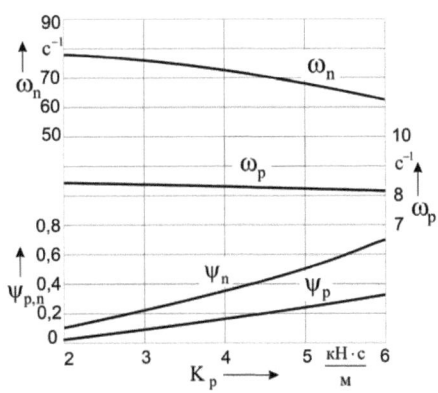

Рис. 8. Влияние сопротивления амортизаторов на параметры собственных колебаний подрессоренной и неподрессоренной масс легкового автомобиля

снижением стабильности силового контакта колес с дорогой, обусловленного ослаблением демпфирования колебаний неподрессоренных масс.

Неупругое сопротивление шин. Параметры собственных колебаний при различных значениях коэффициента неупругого сопротивления шин приведены в табл.1. Как видим, влияние демпфирующей способности шин на собственные колебания проявляется только небольшим усилением затухания высокочастотных колебаний.

Таблица 1

Влияние параметров системы подрессоривания на собственные частоты и коэффициенты относительного затухания колебаний подрессоренной и неподрессоренной масс автомобиля ВАЗ-2123 (передняя подвеска)

$2C_p$, кН/м	ψ_p	ω_p, c^{-1}	ψ_n	ω_n, c^{-1}
40	0,16	6,89	0,20	75,62
50	0,14	7,64	0,20	76,58
60	0,12	8,28	0,19	77,54
70	0,11	8,86	0,19	78,48
80	0,10	9,37	0,19	79,42
$2C_n$, кН/м				
320	0,11	8,30	0,21	72,02
380	0,12	8,40	0,19	77,73
440	0,12	8,48	0,18	83,04
500	0,12	8,54	0,17	88,04
560	0,13	8,59	0,16	92,77

$2К_n$, кН·с/м	ψ_p	ω_p, с$^{-1}$	ψ_n	ω_n, с$^{-1}$
0,06	0,12	8,40	0,19	77,73
0,12	0,12	8,40	0,20	77,65
0,18	0,12	8,40	0,21	77,56
0,24	0,12	8,40	0,21	77,48
0,30	0,12	8,40	0,22	77,39
$М_p$, кг				
690	0,12	8,76	0,19	77,70
750	0,12	8,40	0,19	77,73
810	0,11	8,09	0,19	77,76
870	0,11	7,81	0,19	77,78
930	0,11	7,55	0,19	77,80
$2К_p$, кН·с/м				
1,0	0,06	8,42	0,10	79,07
2,0	0,12	8,40	0,19	77,73
3,0	0,18	8,38	0,30	75,46
4,0	0,24	8,34	0,41	72,17
5,0	0,31	8,30	0,55	67,71
6,0	0,39	8,23	0,71	61,81
$М_n$, кг				
50	0,12	8,41	0,23	91,28
60	0,12	8,41	0,21	83,69
70	0,12	8,40	0,19	77,73
80	0,12	8,40	0,18	72,88
90	0,12	8,40	0,17	68,84

В табл.2 приведены результаты расчета собственных колебаний легкового и грузового автомобилей в снаряженном и груженом состояниях. Из рассмотрения представленных данных следует, что влияние на собственные колебания загруженности автомобиля тем значительнее, чем больше изменяется величина массы подрессоренной части и что загруженность автомобиля в большей степени влияет на параметры низкочастотных собственных колебаний.

В соответствии с изменением величины подрессоренной массы параметры собственных колебаний подрессоренных масс, приходящихся на заднюю подвеску, изменяются больше, чем параметры собственных колебаний подрессоренных масс передней подвески, особенно у грузовых автомобилей.

Параметры собственных колебаний подрессоренных и
неподрессоренных масс легкового и грузового автомобилей

Подвеска автомобиля	M_p, кг	ω_p, c^{-1}	ψ_p	ω_n, c^{-1}	ψ_n
ВАЗ-2123					
Передняя					
снаряженное состояние...	690	8,7	0,187	75,4	0,297
полная нагрузка.............	806	8,1	0,172	75,5	0,296
Задняя					
снаряженное состояние....	490	10,3	0,222	58,2	0,232
полная нагрузка	825	8,1	0,170	58,7	0,225
ЗИЛ-130					
Передняя					
снаряженное состояние ...	1645	11,4	0,212	54,3	0,255
полная нагрузка	2100	10,1	0,188	54,6	0,250
Задняя					
снаряженное состояние ...	1230	22,0	0,369	55,7	0,342
полная нагрузка	6000	10,7	0,144	62,7	0,273

1.4. Передаточные функции и амплитудно-частотные характеристики колебательной системы

Располагая передаточными функциями параметров, характеризующих эффективность системы подрессоривания, можно найти соответствующие им амплитудно-частотные характеристики [1,10], которые дают наиболее полное представление о колебательном процессе не только при гармонических, но и при случайных колебаниях [7,14].

Для получения передаточных функций используем методы операционного исчисления с преобразованиями по Лапласу [10,13,15] . Разделив уравнения (3) соответственно на массы M_n и M_p, получаем

$$\ddot{Z}_p + \omega_{po}^2 \cdot Z_p + h_{po} \cdot \dot{Z}_p - \omega_{po}^2 \cdot Z_n - h_{po} \cdot \dot{Z}_n = 0; \tag{33}$$

$$\ddot{Z}_p + (\overline{h}_{no} + \overline{h}_{po})\dot{Z}_n + (\omega_{po}^2 + \overline{\omega}_{no}^2)Z_n - \overline{h}_{po} \cdot \dot{Z}_p - \overline{\omega}_{po}^2 \cdot Z_p = \overline{h}_{no} \cdot \dot{q} + \overline{\omega}_{no}^2 \cdot q,$$

где: $\omega_{po}^2 = \dfrac{C_p}{M_p}$; $\overline{\omega}_{po}^2 = \dfrac{C_p}{M_n}$; $\overline{\omega}_{no}^2 = \dfrac{C_n}{M_n}$; $\omega_{no}^2 = \dfrac{C_p + C_n}{M_n}$;

$h_{po} = \dfrac{K_p}{M_p}$; $\overline{h}_{po} = \dfrac{K_p}{M_n}$; $\overline{h}_{no} = \dfrac{K_n}{M_n}$; $h_{no} = \dfrac{K_p + K_n}{M_n}$.

Представляя систему уравнений (33) в операторной форме записи

$$(p^2 + \omega_{po}^2 + h_{po} \cdot p) \cdot Z_p(p) - (\omega_{po}^2 + h_{po} \cdot p) \cdot Z_n(p) = 0 ; \qquad (34)$$
$$-(p \cdot \overline{h}_{po} + \overline{\omega}_{po}^2) \cdot Z_p(p) + (p^2 + h_{no} \cdot p + \omega_{no}^2) \cdot Z_n(p) = (\overline{h}_{no} \cdot p + \overline{\omega}_{no}^2) \cdot Q(p)$$

и решая её относительно изображений $Z_p(p)$ и $Z_n(p)$, получаем

$$Z_p(p) = \frac{(p \cdot h_{po} + \omega_{po}^2) \cdot (\overline{\omega}_{no}^2 + p \cdot \overline{h}_{no}) \cdot Q(p)}{A(p)} ;$$

$$(35)$$

$$Z_n(p) = \frac{(p^2 + p \cdot h_{po} + \omega_{po}^2) \cdot (\overline{\omega}_{no}^2 + p \cdot \overline{h}_{no}) \cdot Q(p)}{A(p)} .$$

где $A(p) = p^4 + p^3 \cdot (h_{po} + h_{no}) + p^2 \cdot (\omega_{po}^2 + \omega_{no}^2 - h_{po} \cdot (h_{no} + \overline{h}_{po})) +$

$$(36)$$

$$+ p \cdot (\omega_{po}^2 \cdot (h_{no} + \overline{h}_{po}) + h_{po} \cdot (\omega_{no}^2 - \overline{\omega}_{po}^2)) + \omega_{po}^2 \cdot (\omega_{no}^2 - \overline{\omega}_{po}^2) .$$

В уравнениях (35) знаменатель $A(p)$ представляет собой характеристическое уравнение для свободных колебаний системы, описываемой дифференциальными уравнениями (3). Решением характеристического уравнения (36) являются две пары комплексно-сопряженных корней $p_{1,2} = -h_p \pm i\omega_p$; $p_{3,4} = -h_n \pm \omega_n$. Используя эквивалентную форму записи характеристического уравнения через его корни [10], получаем

$$Z_p(p) = \frac{(p \cdot h_{po} + \omega_{po}^2) \cdot (\overline{\omega}_{no}^2 + p \cdot \overline{h}_{no}) \cdot Q(p)}{((p + h_p)^2 + \omega_p^2) \cdot ((p + h_n)^2 + \omega_n^2)} ;$$

$$(37)$$

$$Z_n(p) = \frac{(p^2 + p \cdot h_{po} + \omega_{po}^2) \cdot (\overline{\omega}_{no}^2 + p \cdot \overline{h}_{no}) \cdot Q(p)}{((p + h_p)^2 + \omega_p^2) \cdot ((p + h_n)^2 + \omega_n^2)} .$$

где: ω_p, ω_n и h_p, h_n – собственные частоты и коэффициенты, характеризующие силы сопротивления в подвеске колебаниям подрессоренных и неподрессоренных масс.

Передаточные функции перемещений подрессоренной и неподрессоренной масс колебательной системы записываются соответственно

$$H_{Z_p}(p) = \frac{Z_p(p)}{Q(p)} = \frac{(p \cdot h_{po} + \omega_{po}^2) \cdot (\overline{\omega}_{no}^2 + p \cdot \overline{h}_{no})}{((p + h_p)^2 + \omega_p^2) \cdot ((p + h_n)^2 + \omega_n^2)} ;$$

$$H_{Z_n}(p) = \frac{Z_n(p)}{Q(p)} = \frac{(p^2 + p \cdot h_{po} + \omega_{po}^2) \cdot (\overline{\omega}_{no}^2 + p \cdot \overline{h}_{no})}{((p + h_p)^2 + \omega_p^2) \cdot ((p + h_n)^2 + \omega_n^2)} .$$

(38)

После замены в первом из уравнений оператора «р» на мнимую угловую частоту iω и проведения преобразований получаем комплексную частотную функцию

$$H_{Z_p}(i\omega) = \frac{a_1 + i \cdot b_1}{(a_2 + i \cdot b_2) \cdot (a_3 + i \cdot b_3)} = \frac{a_1 + i \cdot b_1}{a_4 + i \cdot b_4}$$

и соответствующие этой функции амплитудно-частотную и фазово-частотную характеристики перемещений подрессоренной массы:

$$A_{Z_p}(\omega) = \sqrt{\left(H_{Z_p}(i\omega)\right)^2} = \sqrt{\frac{a_1^2 + b_1^2}{a_4^2 + b_4^2}} ;$$

$$\varphi_{Z_p}(\omega) = \operatorname{arctg} \frac{b_1 \cdot a_4 - a_1 \cdot b_4}{a_1 \cdot a_4 + b_1 \cdot b_4} ,$$

(39)

где: $a_1 = \overline{\omega}_{no}^2 \cdot \omega_{po}^2 - \overline{h}_{no} \cdot h_{po} \cdot \omega^2$; $b_1 = \omega \cdot (\overline{\omega}_{no}^2 \cdot h_{po} + \omega_{po}^2 \cdot \overline{h}_{no})$;

$a_2 = (h_p^2 + \omega_p^2 - \omega^2)$; $b_2 = 2\omega \cdot h_p$;

$a_3 = (h_n^2 - \omega_n^2 - \omega^2)$; $b_3 = 2\omega \cdot h_n$;

$a_4 = a_2 \cdot a_3 - b_2 \cdot b_3$; $b_4 = a_2 \cdot b_3 + b_2 \cdot a_3$.

Аналогично получаем уравнения комплексной частотной функции, амплитудно-частотной и фазово-частотной характеристик перемещений неподрессоренной массы:

$$H_{Z_n}(i\omega) = \frac{a_5 + i \cdot b_5}{(a_2 + i \cdot b_2) \cdot (a_3 + i \cdot b_3)} = \frac{a_5 + i \cdot b_5}{a_4 + i \cdot b_4};$$

$$A_{Z_n}(\omega) = \sqrt{(H_{Z_n}(i\omega))^2} = \sqrt{\frac{a_5^2 + b_5^2}{a_4^2 + b_4^2}};$$ (40)

$$\varphi_{Z_n}(\omega) = \text{arctg}\frac{b_5 \cdot a_4 - a_5 \cdot b_4}{a_5 \cdot a_4 + b_5 \cdot b_4},$$

где: $a_5 = (\overline{\omega}_{no}^2 \cdot \omega_{po}^2 - \overline{\omega}_{no}^2 \cdot \omega^2 - \omega^2 \cdot h_{po} \cdot \overline{h}_{no})$,
$b_5 = \omega \cdot (\omega_{po}^2 \cdot \overline{h}_{no} + \overline{\omega}_{no}^2 \cdot h_{po}) - \omega^3 \cdot \overline{h}_{no}$.

Комплексная частотная функция, амплитудно-частотная и фазово-частотная характеристики прогибов подвески имеют вид

$$H_{\Delta Z}(i\omega) = \frac{a_6 + i \cdot b_6}{(a_2 + i \cdot b_2) \cdot (a_3 + i \cdot b_3)} = \frac{a_6 + i \cdot b_6}{a_4 + i \cdot b_4};$$

$$A_{\Delta Z}(\omega) = \sqrt{(H_{\Delta Z}(i\omega))^2} = \sqrt{\frac{a_6^2 + b_6^2}{a_4^2 + b_4^2}};$$ (41)

$$\varphi_{\Delta Z}(\omega) = \text{arctg}\frac{b_6 \cdot a_4 - a_6 \cdot b_4}{a_6 \cdot a_4 + b_6 \cdot b_4}$$

где: $a_6 = \overline{\omega}_{no}^2 \cdot \omega^2$, $b_6 = \omega^3 \cdot \overline{h}_{no}$.

Если нет необходимости в определении собственных частот колебаний системы, что, как было показано выше, является довольно сложной и трудоемкой задачей, то выражения частотных характеристик могут быть получены непосредственно из решения операторных уравнений (34). После замены в уравнениях оператора «p» на мнимую частоту $i\omega$ имеем

$$(\omega_{po}^2 - \omega^2 + h_{po} \cdot i\omega) \cdot Z_p(p) - (h_{po} \cdot i\omega + \omega_{po}^2) \cdot Z_n(p) = 0;$$

$$-(\overline{h}_{po} \cdot i\omega + \overline{\omega}_{no}^2) \cdot Z_p(p) + (\omega_{no}^2 - \omega^2 + h_{no} \cdot i\omega) \cdot Z_n(p) = (\overline{h}_{no} \cdot i\omega + \overline{\omega}_{no}^2) \cdot Q(p).$$

Полученную систему решаем с помощью определителя методом Крамера:

$$Z_p(p) = \frac{D_1}{D}; \qquad Z_n = \frac{D_2}{D},$$ (42)

где:

$$D = \begin{vmatrix} (\omega_{po}^2 - \omega^2 + h_{po} \cdot i\omega) & -(i \cdot h_{po} \cdot \omega + \omega_{po}^2) \\ -(\overline{h}_{po} \cdot i\omega + \overline{\omega}_{po}^2) & \omega_{no}^2 - \omega^2 + h_{no} \cdot i\omega \end{vmatrix} = (A_0 + i \cdot B_0) ; \qquad (43)$$

$$D_1 = \begin{vmatrix} 0 & -h_{po} \cdot i\omega + \omega_{po}^2 \\ -\overline{h}_{po} \cdot i\omega + \overline{\omega}_{no}^2 & \omega_{no}^2 - \omega^2 + h_{no} \cdot i\omega \end{vmatrix} = (A_1 + i \cdot B_1) \cdot Q(p) ; \qquad (44)$$

$$D_2 = \begin{vmatrix} \omega_{po}^2 - \omega^2 + h_{po} \cdot i\omega & 0 \\ -\overline{h}_{po} \cdot i\omega + \overline{\omega}_{po}^2 & \overline{h}_{no} \cdot i\omega + \overline{\omega}_{no}^2 \end{vmatrix} = (A_2 + i \cdot B_2) \cdot Q(p) . \qquad (45)$$

В уравнениях (43) , (44) , (45):

$$A_0 = \omega^4 - \omega^2 \cdot (\omega_{po}^2 + \omega_{no}^2 + h_{po} \cdot (h_{no} - \overline{h}_{po})) - \omega_{po}^2 \cdot \overline{\omega}_{po}^2 + \omega_{po}^2 \cdot \omega_{no}^2 ;$$

$$B_0 = -\omega^3 \cdot (h_{no} + h_{po}) + \omega \cdot (h_{po} \cdot \omega_{no}^2 + h_{no} \cdot \omega_{po}^2 - h_{po} \cdot \overline{\omega}_{po}^2 - \overline{h}_{po} \cdot \omega_{po}^2) ;$$

$$A_1 = \overline{\omega}_{no}^2 \cdot \omega_{po}^2 - \omega^2 \cdot \overline{h}_{no} \cdot h_{po} ;$$

$$B_1 = \omega \cdot \omega_{po}^2 \cdot \overline{h}_{no} + \omega \cdot \overline{\omega}_{no}^2 \cdot h_{po} ;$$

$$A_2 = \overline{\omega}_{no}^2 \cdot (\omega_{po}^2 - \omega^2) - \omega^2 \cdot h_{po} \cdot \overline{h}_{no} ;$$

$$B_2 = \omega \cdot (\overline{h}_{no} \cdot (\omega_{po}^2 - \omega^2) + \overline{\omega}_{no}^2 \cdot h_{po}) .$$

После подстановки (43) , (44) , (45) в (42) получаем

$$Z_p(p) = \frac{D_1}{D} = \frac{A_1 + i \cdot B_1}{A_0 + i \cdot B_0} \cdot Q(p) ;$$

$$\qquad (46)$$

$$Z_n(p) = \frac{D_2}{D} = \frac{A_2 + i \cdot B_2}{A_0 + i \cdot B_0} \cdot Q(p) .$$

В выражениях (46) функции, стоящие перед $Q(p)$, связывающие изображения выходного и входного сигналов, являются комплексными частотными функциями вертикальных перемещений кузова и колеса:

$$H_{Z_p}(i\omega) = \frac{A_1 + i \cdot B_1}{A_0 + i \cdot B_0} = a_p + i \cdot b_p ;$$

$$\qquad (47)$$

$$H_{Z_n}(i\omega) = \frac{A_2 + i \cdot B_2}{A_0 + i \cdot B_0} = a_n + i \cdot b_n .$$

Так как модули комплексных функций $H_{Z_p}(i\omega)$ и $H_{Z_n}(i\omega)$ представляют собой отношения амплитудных значений на выходе и входе колебательной системы [1], то выражения амплитудно-частотных и фазово-частотных характеристик перемещений подрессоренной массы запишутся

$$A_{Z_p}(\omega) = \sqrt{\frac{A_1^2 + B_1^2}{A_0^2 + B_0^2}} = \sqrt{a_p^2 + b_p^2} \;;$$

$$\varphi_{Z_p}(\omega) = \operatorname{arctg}\frac{B_1 \cdot A_0 - A_1 \cdot B_0}{A_1 \cdot A_0 + B_1 \cdot B_0} = \operatorname{arctg}\frac{b_p}{a_p} \qquad (48)$$

и для частотных характеристик перемещений неподрессоренной массы:

$$A_{Z_n}(\omega) = \sqrt{\frac{A_2^2 + B_2^2}{A_0^2 + B_0^2}} = \sqrt{a_n^2 + b_n^2} \;;$$

$$\varphi_{Z_n}(\omega) = \operatorname{arctg}\frac{B_2 \cdot A_0 - A_2 \cdot B_0}{A_2 \cdot A_0 + B_2 \cdot B_0} = \operatorname{arctg}\frac{b_n}{a_n} \;. \qquad (49)$$

Здесь:
$$a_p = \frac{A_0 \cdot A_1 + B_0 \cdot B_1}{A_0^2 + B_0^2}\;; \qquad b_p = \frac{A_0 \cdot B_1 - A_1 \cdot B_0}{A_0^2 + B_0^2}\;;$$

$$\qquad\qquad\qquad\qquad\qquad\qquad\qquad\qquad (50)$$

$$a_n = \frac{A_0 \cdot A_2 + B_0 \cdot B_2}{A_0^2 + B_0^2}\;; \qquad b_n = \frac{A_0 \cdot B_2 - A_2 \cdot B_0}{A_0^2 + B_0^2}\;.$$

Уравнения комплексной функции, амплитудно-частотной и фазово-частотной характеристик динамических прогибов подвески имеют вид

$$H_{\Delta Z}(i\omega) = H_{Z_p}(i\omega) - H_{Z_n}(i\omega) = (a_p - a_n) + i \cdot (b_p - b_n)\;;$$

$$A_{\Delta Z}(\omega) = \sqrt{(a_p - a_n)^2 + (b_p - b_n)^2}\;;$$

$$\qquad\qquad\qquad\qquad\qquad\qquad\qquad\qquad (51)$$

$$\varphi_{\Delta Z}(\omega) = \operatorname{arctg}\frac{(b_p - b_n)}{(a_p - a_n)}\;.$$

Стабильность силового контакта колёс с дорогой является одним из факторов, определяющих управляемость и динамическую устойчивость автомобиля [3,8,9]. Вертикальное усилие N в зоне контакта шины с дорогой образуют две составляющие: постоянная, определяемая весом Ga_k подрессоренной неподрессоренной масс и переменная $\tilde{N}$, являющаяся векторной суммой сил, создаваемых упругими элементами и амортизаторами и силой инерции неподрессоренной массы. Переменную составляющую, определяющую колебания величины вертикальной динамической реакции дороги на колесо, можно найти по изменению радиальной деформации шины. При линейных нагрузочных характеристиках шины, имеем

$$N = Ga_k + \tilde{N} = Ga_k - C_n \cdot (Z_n - q) - K_n \cdot (\dot{Z}_n - \dot{q}) \qquad (52).$$

Переменной составляющей колёсной нагрузки на дорогу

$$\tilde{N} = - C_n(Z_n - q) - K_n(\dot{Z}_n - \dot{q}) \qquad (53)$$

соответствует передаточная функция

$$H_{\tilde{N}}(p) = - C_n \cdot H_{Z_n - q}(p) - K_n \cdot H_{\dot{Z}_n - \dot{q}}(p). \qquad (54)$$

Используя свойство линейности изображения и правило изображения производных [13,15], можем записать

$$H_{\tilde{N}}(p) = - C_n \left[H_{Z_n}(p) - H_q(p) \right] - K_n \left[p \cdot H_{Z_n}(p) - p \cdot H_q(p) \right]. \qquad (55)$$

Заменяя оператор «p» на мнимую угловую частоту iω, а также, раскрывая скобки и группируя действительные и мнимые члены, получаем комплексную частотную функцию колёсной нагрузки $\tilde{N}$:

$$H_{\tilde{N}}(i\omega) = a_{\tilde{N}}(\omega) + i \cdot b_{\tilde{N}}(\omega). \qquad (56)$$

Здесь: $a_{\tilde{N}}(\omega) = - C_n(a_n - 1) + K_n \cdot b_n \cdot \omega$; $\quad b_{\tilde{N}}(\omega) = - C_n \cdot b_n - K_n \cdot (a_n - 1) \cdot \omega$,

где a_n и b_n – коэффициенты при действительных и мнимых членах комплексной частотной функции перемещений неподрессоренной массы $H_{Z_n}(i\omega)$..

В эквивалентной показательной форме записи [1] комплексная частотная функция (56) имеет вид

$$H_{\tilde{N}}(i\omega) = A_{\tilde{N}}(\omega) \cdot e^{i \cdot \phi_{\tilde{N}}(\omega)}, \qquad (57)$$

где

$$A_{\tilde{N}}(\omega) = \left| H_{\tilde{N}}(i\omega) \right| = \sqrt{a_{\tilde{N}}^2(\omega) + b_{\tilde{N}}^2(\omega)}. \qquad (58)$$

Поскольку величина модуля $\left| H_{\tilde{N}}(i\omega) \right|$ определяет отношение амплитуды колесной нагрузки $\tilde{N}$ на выходе колебательной системы и высоты q_0 периодической неровности дороги на входе при фиксированной частоте колебаний, то выражение (58) является амплитудно-частотной характеристикой переменной составляющей $\tilde{N}$ вертикальной нагрузки, передаваемой колесом на дорогу при колебаниях автомобиля.

Ухудшение устойчивости и управляемости автомобиля связано с уменьшением величин реакций на колёсах, по сравнению со статической, поэтому в качестве показателя стабильности контакта колёс с дорогой можно использовать относительную величину $S = N_{min}/Ga_k$ [3]. Более высокое значение величины N_{min} и S означает лучшее сцепление колеса с дорогой в низшей точке микропрофиля. А так как

$$N_{min} = Ga_k - \tilde{N}_{max}, \quad \text{то} \quad S = 1 - \frac{\tilde{N}_{max}}{Ga_k}$$

и аналитическое выражение частотной характеристики показателя S стабильности контакта колёс принимает вид

$$A_S(\omega) = 1 - \frac{q_0 \cdot A_{\tilde{N}}(\omega)}{Ga_k}. \tag{59}$$

Использование относительной величины S позволяет сравнивать между собой автомобили, различающиеся по грузоподъёмности. Чем ближе к единице значения S, тем выше стабильность контакта колёс с дорогой, а значение S = 0 означает потерю силового контакта колеса с дорогой.

Для характеристики стабильности силового контакта можно использовать и среднее за ход отдачи значение колесной нагрузки

$$N_{cp} = Ga_k - \tilde{N}_{cp}. \tag{60}$$

По сравнению с наименьшей нагрузкой N_{min}, величина средней нагрузки N_{cp} точнее характеризует реализуемую на ведущих колесах тяговую силу и может быть использована для количественной оценки влияния колебаний величины колёсной нагрузки на тяговую динамику и экономичность автомобиля. Легко доказывается [15], что при гармонических синусоидальных колебаниях среднее и максимальное значения колёсных нагрузок связаны соотношением

$$\tilde{N}_{cp} \approx 0,64\tilde{N}_{max}. \tag{61}$$

Учитывая (59), (60) и (61), выражение для показателя стабильности, определяемого по величине средней колёсной нагрузки, записывается

$$S_T = 1 - \frac{0,64\tilde{N}_{max}}{Ga_k}, \tag{62}$$

а аналитическое выражение частотной характеристики S_T принимает вид

$$A_{S_T}(\omega) = 1 - \frac{0.64q_0 \cdot A_{\tilde{N}}(\omega)}{Ga_k}. \tag{63}$$

На рис.9 приведены, рассчитанные по приведённым выше зависимостям, АЧХ легкового автомобиля. На всех частотных характеристиках можно выделить следующие основные области: низкочастотного и высокочастотного резонансов, где подвеска заметно усиливает колебания автомобиля, переходную межрезонансную зону и низкочастотную дорезонансную и высокочастотную зарезонансную области.

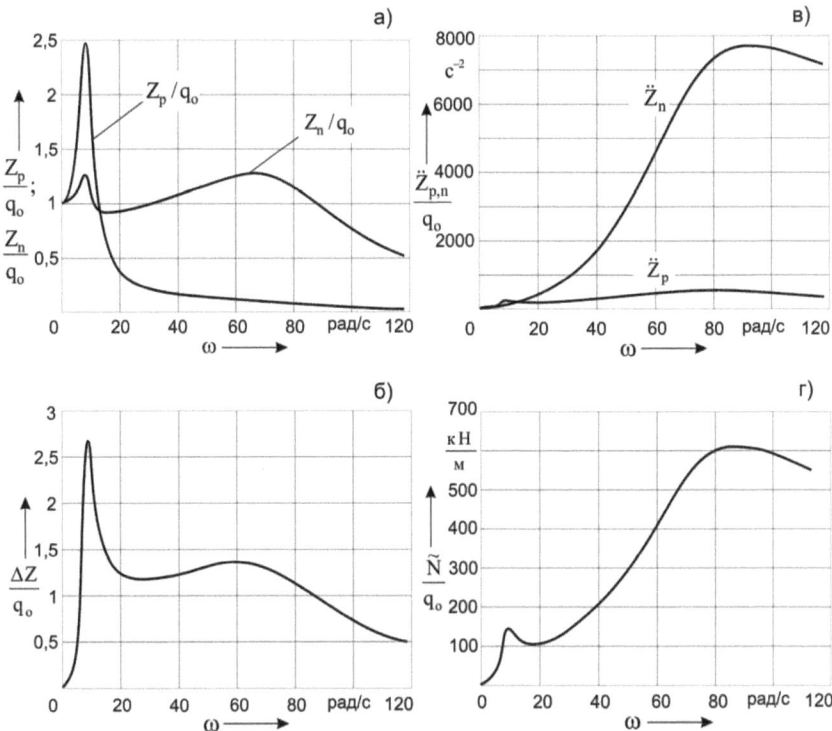

Рис. 9. Амплитудно-частотные характеристики колебаний подрессоренной и неподрессоренной масс легкового автомобиля:

а - перемещения кузова и колеса; б - прогибы подвески; в - ускорения кузова и колеса; г - переменная составляющая колесной нагрузки на дорогу

Для низкочастотного резонанса характерны максимальная по величине амплитуда перемещений кузова (рис.9,*а*) и небольшой максимум перемещений колеса, вызванный влиянием колебаний подрессоренных масс. В области высокочастотного резонанса наблюдается наибольший максимум перемещений колеса, обуславливающий едва заметный «всплеск» амплитуд перемещений кузова.

Максимумы прогибов подвески $\Delta Z = Z_p - Z_n$ (рис.9,*б*) также наблюдаются в зонах, где амплитуды перемещений подрессоренных и неподрессоренных масс достигают своих наибольших значений: первый – в области низкочастотного резонанса и второй, менее выраженный, в зоне высокочастотного (колёсного) резонанса.

Первый максимум на графике вертикальных ускорений кузова $\ddot{Z}_p$ (рис.9,*в*) располагается в зоне низкочастотного резонанса, где амплитуды перемещений кузова наибольшие. Вторично ускорения $\ddot{Z}_p$ становятся максимальными в области высокочастотного резонанса, где, как было отмечено выше, наблюдается едва заметное увеличение амплитуд перемещений кузова, вызванное влиянием неподрессоренных масс.

Ускорения $\ddot{Z}_n$ неподрессоренных масс максимальных значений достигают в условиях высокочастотного резонанса. При этом полоса частот с максимальными ускорениями $\ddot{Z}_n$ смещается вправо относительно зоны максимальных перемещений Z_n из-за преобладающего влияния на величину ускорения частоты возмущения. С переходом в зарезонансную область всё большее влияние на величину ускорения $\ddot{Z}_n$ начинает оказывать уже уменьшение амплитуды перемещений Z_n, поэтому в этой области с ростом частоты колебаний ускорения неподрессоренных масс уменьшаются.

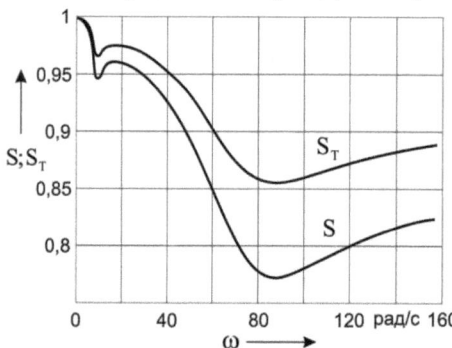

Рис.10. Амплитудно-частотные характеристики показателей стабильности контакта колёс с дорогой

Значительное различие максимальных ускорений кузова и колеса объясняется тем, что наибольших значений амплитуды перемещений колеса достигают при значительно более высоких частотах, где амплитуды перемещений кузова незначительны (рис.9,*а*).

На рис.9,*г* и рис.10 приведены частотные характеристики переменной составляющей колесной нагрузки на дорогу – $A_{\tilde{N}}(\omega)$ и показателя стабильности контакта колёс с дорогой – $A_S(\omega)$. Из сравнения представленных графиков следует, что частотная характеристика $A_S(\omega)$ является зеркальным отображением характеристики $A_{\tilde{N}}(\omega)$ и на них, как и на графиках других частотных характеристик, наблюдаются по два выраженных экстремума. Первый – располагается в низкочастотной резонансной области и обусловлен возрастанием амплитуды перемещений колеса, вызванным влиянием резонанса подрессоренных масс. Второй минимум стабильности контакта колёс с дорогой (рис.10) наблюдаются при высокочастотном резонансе. В этом режиме подвеска, почти не оказывая влияния на перемещения кузова, значительно усиливает колебания мостов и колес автомобиля, что при недостаточном демпфировании мо-

28

жет привести к отрыву колес от опорной поверхности дороги с потерей управляемости, опасной при больших скоростях движения. Отметим, что при периодическом изменении вертикальной нагрузки и, связанной с ней, тангенциальной силы в зоне контакта шины с дорогой, возрастает возможность пробуксовки колёс при передачи тягового усилия и блокировки при торможении, а также уменьшается способность шин воспринимать боковые силы, влияющая на управляемость автомобиля.

Сравнивая графики, представленные на рис.9,*в* и рис.9,*г*, видим, что амплитудно-частотные характеристики вертикальных ускорений неподрессоренных масс позволяют, как отмечено в работе [7], косвенно оценить стабильность силового контакта колёс с дорогой.

1.5. Параметрический анализ установившихся гармонических колебаний автомобиля

Конструктору, занимающемуся проектированием и разработкой подвески автомобиля, важно знать, какое влияние на качество подрессоривания оказывают весовые параметры (масса неподрессоренных частей, масса подрессоренных частей и её распределение по длине машины), жесткость упругих элементов подвески, сопротивление амортизаторов, упругие свойства и демпфирующая способность шин.

При периодическом возмущении колебания автомобиля оцениваются по амплитудно-частотным характеристикам, которые позволяют определить, при каких условиях подвеска ослабляет или усиливает воздействие неровностей поверхности дороги. Располагая амплитудно-частотными характеристиками вертикальных перемещений и ускорений кузова, динамических прогибов подвески, вертикальных перемещений колёс и стабильности силового контакта колёс с дорогой при различных значениях параметров системы подрессоривания, можно успешно решать проблему выбора такого их сочетания, которое будет обеспечивать требуемый уровень качества работы подвески проектируемого автомобиля, учитывая не только плавность хода, но и динамическую устойчивость движения.

Амплитудно-частотные характеристики системы подрессоривания полностью характеризуют установившиеся гармонические колебания автомобиля, а при наличии энергетического спектра возмущения (спектральной плотности дисперсий высот неровностей дороги) позволяют рассчитать колебания и при случайном характере возмущающего воздействия дороги в реальных условиях движения. При конструировании и доводке системы подрессоривания необходимо знать, как проявляется изменение её параметров на колебаниях автомобиля.

Жесткость упругих элементов подвески. АЧХ легкового автомобиля при различной жесткости подвески приведены на рис.11. Как видим на рис.11,*а*, использование в подвеске упругих элементов большей жёсткости сопровождается увеличением перемещений кузова при низкочастотном резонансе и смещением его вправо, вследствие возрастания собственной частоты и уменьшения относительного затухания колебаний подрессоренной массы (см. табл.1 и рис.6,*а*). С переходом в межрезонансную область, влияние жесткости

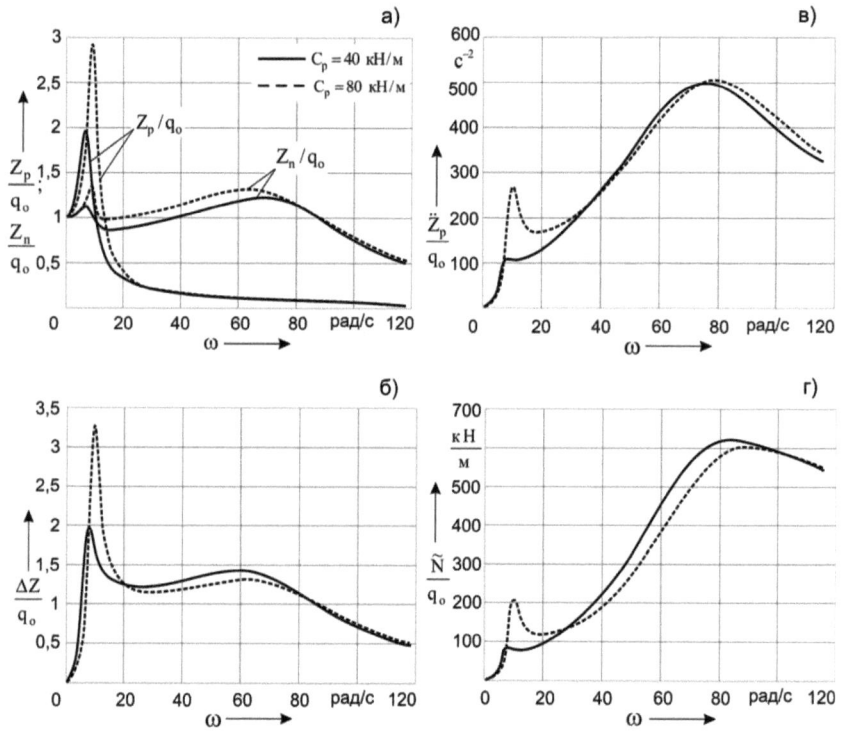

Рис. 11. Амплитудно-частотные характеристики колебаний легкового автомобиля
при различной жесткости упругих элементов подвески:
: а) перемещения кузова и колеса; б) прогибы подвески; в) ускорения кузова;
г) переменная составляющая колесной нагрузки на дорогу

подвески на перемещения кузова ослабевает и при дальнейшем увеличении частоты колебаний малозаметно.

Из рассмотрения рис.11,*а*, где показано влияние жёсткости подвески также и на перемещения колеса, следует, что при увеличении жёсткости перемещения колеса значительно возрастают при низкочастотном резонансе, что связано с усилением влияния колебаний подрессоренных масс. В меньшей степени амплитуда колебаний колеса увеличивается в межрезонансной зоне, при высокочастотном резонансе и совсем незначительно в зарезонансной области.

Изменение относительного перемещения подрессоренной и неподрессоренной масс – прогибов подвески показано на рис.11,*б*. При более жёсткой подвеске динамические прогибы ΔZ возрастают при низкочастотном резонансе, что вызвано увеличением амплитуды перемещений кузова. При более высоких частотах колебаний, где амплитуда перемещений кузова от жёсткости подвески почти не зависит, изменение прогибов ΔZ небольшое и происходит в соответствии с характеристикой перемещений колеса (рис.11,*а*).

АЧХ ускорений кузова при различной жёсткости подвески приведены на рис.11,*в*. При упругих элементах большей жёсткости ускорения кузова заметно возрастают в зоне низкочастотного резонанса и в начале межрезонансной области. При более высоких частотах влияние повышения жёсткости подвески на ускорения кузова несущественно, а небольшой рост ускорений в зарезонансной частотной области обусловлен усилением влияния неподрессоренных масс, вследствие возрастания амплитуды перемещений колеса (рис.11,*а*).

Влияние жёсткости подвески на динамику колёсной нагрузки представлено на рис.11,*г* амплитудно-частотной характеристикой динамической составляющей вертикальной нагрузки в зоне контакта шины с дорогой.

При упругих элементах большей жёсткости характер изменения нагрузки $\tilde{N}$ будет определять усилие, передаваемое на дорогу по ”упругому пути” [6]. Поэтому, в соответствии с характеристикой прогибов подвески, колебания величины колёсной нагрузки $\tilde{N}$ увеличиваются в условиях низкочастотного резонанса. В межрезонансной области и при высокочастотном резонансе изменение нагрузки, передаваемой от колёс на дорогу, снижается и почти не изменяется в зарезонансной области. Представленные на рис.12 амплитудно-частотные характеристики показателя стабильности S силового контакта колёс с дорогой являются зеркальным отображением амплитудно-частотной характеристики динамической состав-

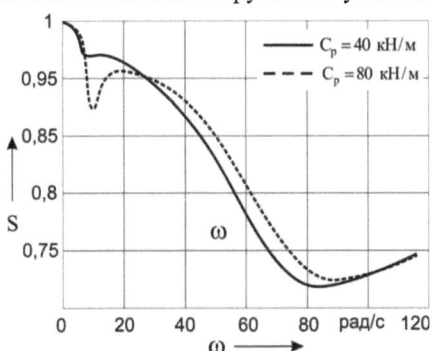

Рис. 12. АЧХ стабильности контакта колёс с дорогой при различной жесткости упругих элементов подвески

31

ляющей $\tilde{N}$ вертикального усилия в зоне контакта шины с дорогой.

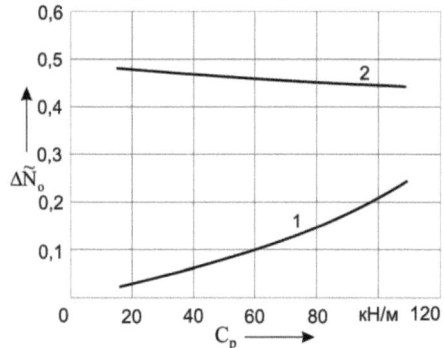

Рис. 13. Влияние жесткости упругих элементов на изменение колесной нагрузки легкового автомобиля при низкочастотном (1) и высокочастотном (2) резонансах

На рис.13 показано влияние жёсткости подвески на изменение динамической нагрузки от максимального значения $\tilde{N}_{max}$ – на сжатии до минимального $\tilde{N}_{min}$ – при отдаче, отнесенное к весовой нагрузке Ga_k, при НЧР и ВЧР:

$$\Delta\tilde{N}_o = 2\tilde{N}max/Ga_k. \quad (64)$$

Из представленных на рисунке графиков следует: а) при любой жесткости подвески колебания динамической нагрузки $\tilde{N}$ при высокочастотном резонансе (кривая 2) значительно больше по величине, чем при низкочастотном резонансе (кривая 1); б) с увеличением жесткости колебания величины колесной нагрузки на дорогу возрастают при НЧР и несколько снижаются при ВЧР.

Масса подрессоренной части. Увеличение массы M_p подрессоренной части приводит к увеличению перемещений кузова при низкочастотном резонансе (рис.14,*а*), вследствие уменьшения относительного затухания (см.табл.1 и рис.6,*б*); область резонансных колебаний при этом сужается и смещается в сторону меньших значений частот. Смещение резонанса, вызванное снижением низкой собственной частоты колебаний, сопровождается увеличением перемещений кузова в дорезонансной области и уменьшением в межрезонансной. С переходом в область колёсного резонанса и при дальнейшем возрастании частоты влияние массы подрессоренной части на перемещения кузова снижается.

Низкочастотный максимум перемещений колеса, как и перемещений кузова, возрастает при увеличении подрессоренной массы и смещается влево, что вызывает уменьшение амплитуды перемещений колеса в межрезонансной области. При колёсном резонансе и в зарезонансной области влияние подрессоренной массы на перемещения колеса незначительно.

Прогибы подвески (рис.14,*б*) при увеличении подрессоренной массы, в соответствии с изменением перемещений кузова и колеса, возрастают при низкочастотном резонансе, уменьшаются в межрезонансной зоне и мало изменяются при высокочастотном резонансе и в зарезонансной области.

Ускорения кузова рис.14,*в*) при увеличении массы подрессоренной части уменьшаются в широком диапазоне частот, начиная с области низкочастотного резонанса. Это связано с величиной относительной массы M_n/M_p неподрессоренных частей, которая при увеличении подрессоренной массы уменьшается, снижая тем самым усилия, передаваемые от неподрессоренных частей через подвеску на кузов и ускорения кузова, вызываемые этими усилиями.

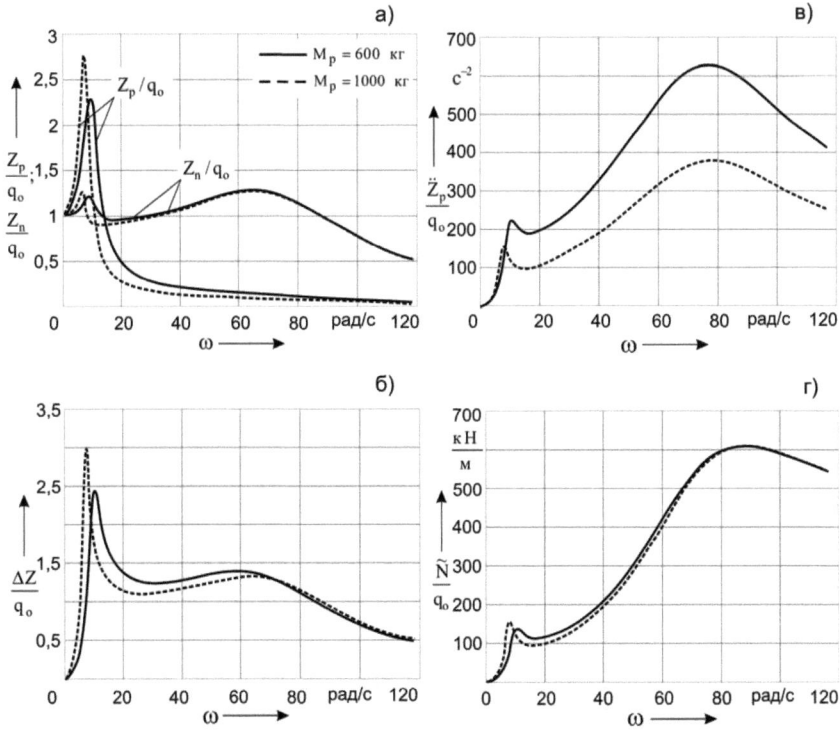

Рис.14. Амплитудно-частотные характеристики колебаний легкового автомобиля при различной величине подрессоренной массы:
а) перемещения кузова и колеса; б) прогибы подвески; в) ускорения кузова;
г) переменная составляющая колёсной нагрузки на дорогу

АЧХ колёсной нагрузки $\tilde{N}$ при различной величине подрессоренной массы приведены на рис.14,г. Как видим, влияние подрессоренной массы на АЧХ колёсной нагрузки $\tilde{N}$ несущественное: как прогибы подвески (рис.14,б) и вертикальные перемещения колеса (рис.14,а) величина составляющей $\tilde{N}$ колёсной нагрузки несколько возрастает при низкочастотном резонансе и снижается в межрезонансной области.

При малом изменении колёсной нагрузки $\tilde{N}$, определяющим образом на стабильность контакта колес с дорогой влияет величина весовой (статической) нагрузки Ga_k и с возрастанием которой стабильность контакта колёс с дорогой повышается (рис.15) практически во всём диапазоне частот колебаний.

Влияние массы подрессоренной части на динамическую составляющую колесной нагрузки на дорогу при НЧР и ВЧР показано на рис.16.

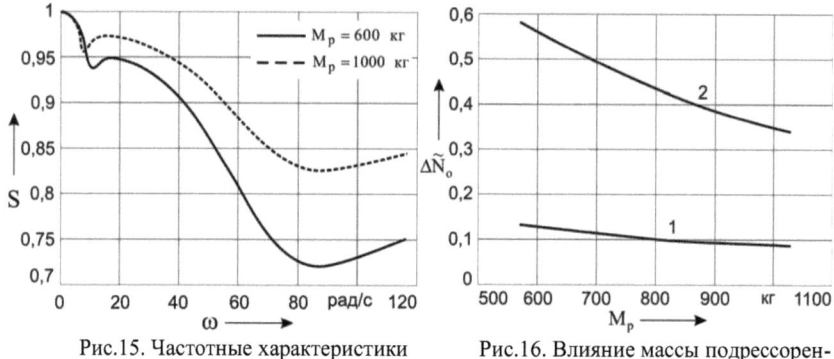

Рис.15. Частотные характеристики стабильности контакта колёс с дорогой при различной величине подрессоренной массы

Рис.16. Влияние массы подрессоренной части на изменение колесной нагрузки на дорогу при низкочастотном (1) и колесном (2) резонансах

Из рассмотрения графиков, представленных на рис.17 следует: чем больше уменьшается нагрузка на подвеску, тем значительнее снижается стабильность контакта колёс снаряжённого автомобиля с дорогой, в сравнении с автомобилем полностью загруженном, увеличивая тем самым вероятность отрыва колёс от опорной поверхности дороги, что неблагоприятно отражается на эксплуатационных свойствах автомобиля.

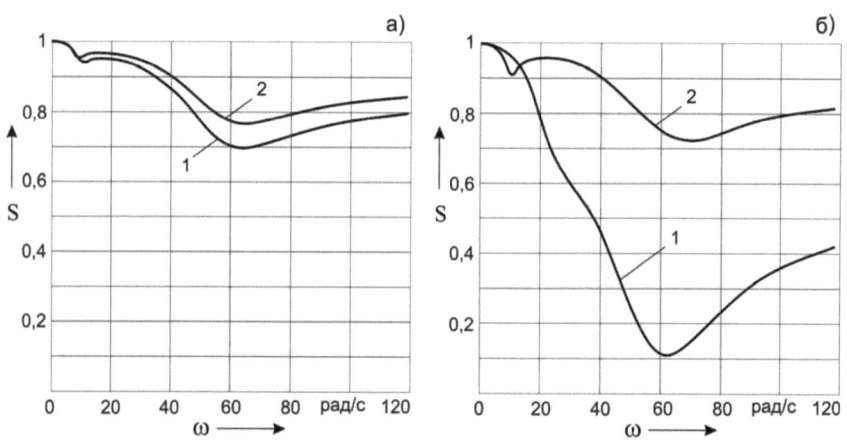

Рис.17. Амплитудно-частотные характеристики стабильности контакта колёс с дорогой легкового (а) и грузового (б) автомобилей в снаряженном состоянии (кривые 1) и при полной загруженности (кривые 2)

Масса неподрессоренных частей. Из рассмотрения представленных на рис.18,*а* характеристик следует, что величина неподрессоренной массы M_n заметно влияет только на перемещения колеса. При увеличении массы M_n перемещения колеса практически не изменяются при низкочастотном резонансе и возрастают, вследствие уменьшения относительного коэффициента затухания высокочастотных колебаний (см.табл.1, а также рис.7,*а*), при колёсном резонансе. Из-за уменьшения частоты собственной колебаний область резонанса неподрессоренных масс смещается в сторону более низких частот, вызывая увеличение перемещений колеса в межрезонансной и уменьшение в зарезонансной частотных областях.

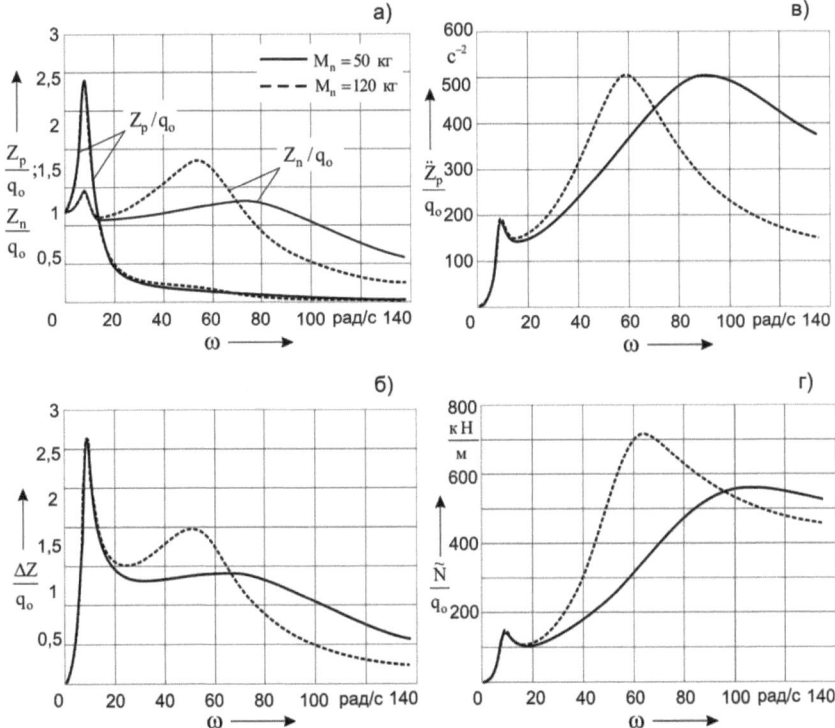

Рис. 18. Амплитудно-частотные характеристики колебаний легкового автомобиля
при различной массе неподрессоренных частей:

а) перемещения кузова и колеса; б) прогибы подвески; в) ускорения кузова;
г) переменная составляющая колесной нагрузки на дорогу

АЧХ прогибов подвески при различной величине неподрессоренной массы приведены на рис.18,*б*. При слабой зависимости перемещений кузова от

35

величины неподрессоренной массы, характер относительного перемещения подрессоренной и неподрессоренной масс определяет, основном, изменение перемещений колеса: с увеличением массы неподрессоренных частей прогибы почти не изменяются при НЧР и возрастают в зоне ВЧР. Наблюдаемое увеличение прогибов подвески в межрезонансной и уменьшение в зарезонансной областях вызваны смещением ВЧР в зону более низких частот.

АЧХ ускорений кузова при различной величине массы M_n представлены на рис.18,*в*. При увеличении неподрессоренной массы максимум высокочастотных ускорений смещается, как и максимум перемещений колеса, в область меньших частот; диапазон частот, в котором действуют наибольшие ускорения кузова, сужается и сопровождается ростом ускорений в межрезонансной области и снижением в зарезонансной. Наибольшие ускорения кузова, несмотря на увеличение относительной массы неподрессоренных частей, не меняются, что объясняется снижением высокой собственной частоты колебаний.

Влияние массы неподрессоренных частей на динамику колесной нагрузки при низкочастотных колебаниях, как видим на рис.18,*г*, малозаметно. С увеличением неподрессоренной массы колебания колесной нагрузки возрастают, а стабильность силового контакта колес с дорогой, соответственно, снижается (рис.19) в межрезонансной области и при колесном резонансе. Наблюдаемое уменьшение изменения колесной нагрузки и возрастание стабильности контакта в зарезонансной области вызваны смещением высокочастотного резонанса в область меньших частот колебаний.

Влияние массы неподрессоренных частей на динамическую составляющую колёсной нагрузки на дорогу при низко- и высокочастотных резонансных

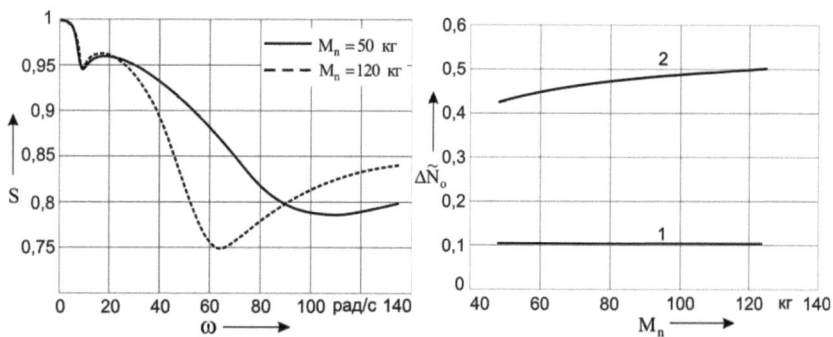

Рис. 19. Амплитудно-частотные характеристики стабильности контакта колёс с дорогой при различной величине массы неподрессоренной части

Рис. 20. Влияние неподрессоренной массы на размах колебаний колесной нагрузки при низкочастотном (1) и высокочастотном (2) резонансах колебаниях показано на рис.20.

Сопротивление амортизатора. Увеличение сопротивления амортизатора приводит к заметному уменьшению перемещения кузова в низкочастотном резонансном режиме при небольшом увеличении перемещений в межрезонансной области (рис.21,*а*). При дальнейшем повышении частоты колебаний влияние сопротивления амортизатора на перемещения кузова снижается и в зарезонансной области малозаметно.

Перемещения колеса при более жёстких амортизаторах несущественно уменьшаются при низкочастотном резонансе и значительно – в зоне высоко

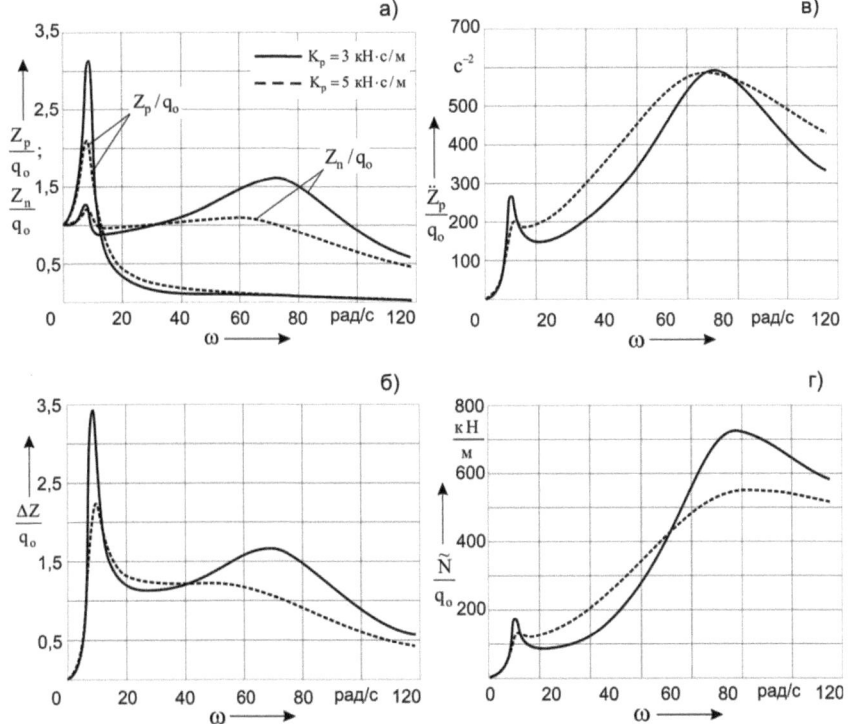

Рис. 21. Амплитудно-частотные характеристики колебаний легкового автомобиля при различном сопротивлении амортизаторов:
а) перемещения кузова и колеса; б) прогибы подвески; в) ускорения кузова;
г) переменная составляющая колесной нагрузки на дорогу

частотного резонанса; одновременно область высокочастотного резонанса смещается в сторону более низких частот, как следствие снижения собственной частоты колебаний неподрессоренных масс (см.табл.1 и рис.8). Смещение сопровождается небольшим увеличением перемещений колеса в межрезонансной зоне при значительном уменьшении перемещений в зарезонансной частотной области.

Динамические прогибы подвески (рис.21,*б*) с увеличением сопротивления амортизаторов изменяются в соответствие с частотными характеристиками перемещений подрессоренной и неподрессоренной масс (рис.21,*а*): прогибы уменьшаются при низкочастотном и высокочастотном резонансе, в зарезонансной области и увеличиваются в зоне межрезонансных колебаний.

АЧХ ускорений кузова при разном сопротивлении амортизаторов приведены на рис.21,*в*. Увеличение сопротивления вызывает уменьшение ускорений кузова только при низкочастотном резонансе. В межрезонансной области ускорения кузова возрастают, что объясняется увеличением амплитуды колебаний кузова. Максимум высокочастотных ускорений $\ddot{Z}_p$, как видим, от величины сопротивления амортизатора почти не зависит. В зарезонансной области, где скорости поршня амортизатора возрастают даже при малых амплитудах колебаний, увеличение сопротивления амортизаторов, ведет к увеличению усилий, передаваемых через амортизатор на кузов, а, значить, и ускорений кузова, вызываемых этими усилиями.

АЧХ динамики колесной нагрузки и показателя ее стабильности при различных коэффициентах сопротивления амортизатора показаны на рис.21,*г* и рис.22. При более жёстких амортизаторах стабильность контакта колёс с дорогой повышается при резонансных колебаниях, но снижается в межрезонансной полосе частот, где, в отличие от резонансных режимов колебаний, с увеличением сопротивления амортизатора изменение колёсной нагрузки на дорогу также

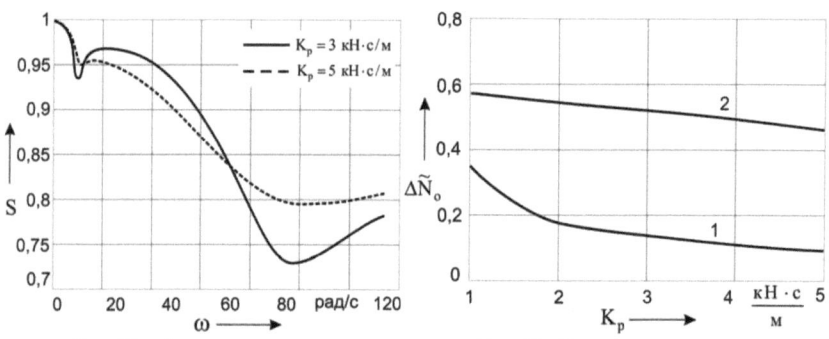

Рис. 22. Амплитудно-частотные характеристики стабильности контакта колёс с дорогой при различном сопротивлении амортизаторов

Рис. 23. Влияние сопротивления амортизаторов на размах колебаний колесной нагрузки на дорогу при низкочастотном (1) и колесном (2) резонансах

увеличивается.

На рис.23 показано изменение переменной составляющей нагрузки на колесах в зависимости от коэффициента сопротивления амортизатора. Как видим, с увеличением сопротивления амортизаторов изменение нагрузки на колёсах при низкочастотном и высокочастотном резонансах уменьшается, что означает рост стабильности контакта колёс с дорогой.

Радиальная жесткость шин (рис.24). Повышение жесткости шин приводит к уменьшению перемещений кузова при низкочастотном резонансе (рис.24,*а*), что вызвано увеличением относительного затухания низкочастотных колебаний (см. табл.1 и рис.7,*б*); низкочастотный максимум перемещений колеса, вследствие ослабления влияния подрессоренных масс, также уменьшает-

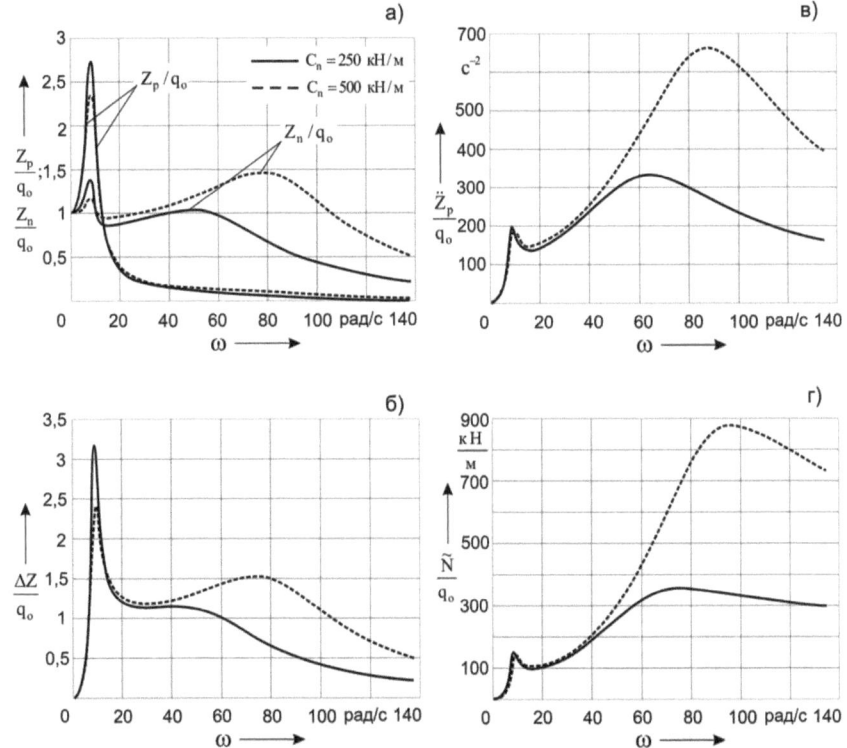

Рис.24. Амплитудно-частотные характеристики колебаний легкового автомобиля при различной радиальной жесткости шин:
а) перемещения кузова и колеса; б) прогибы подвески; в) ускорения кузова;
г) переменная составляющая колесной нагрузки на дорогу

ся. При высокочастотном резонансе перемещения колеса увеличиваются, а область резонанса смещается в сторону более высоких частот. Смещение колёсного резонанса и увеличение амплитуды резонансных колебаний колёса являются следствием возрастания собственной частоты и уменьшения коэффициента относительного затухания колебаний неподрессоренных масс. а также причиной увеличения перемещений колеса в зарезонансной частотной области и небольшого возрастания перемещений кузова при высокочастотных колебаниях.

Динамические прогибы подвески (рис.24,*б*) изменяются в соответствие с изменениями в частотных характеристиках вертикальных перемещений кузова и колеса (рис.24,*а*). При повышенной радиальной жёсткости шин динамические прогибы уменьшаются, как видим, только в области низкочастотного резонанса, несколько возрастают прогибы в межрезонансной полосе частот и значительно увеличиваются при высокочастотном резонансе и в зарезонансной области.

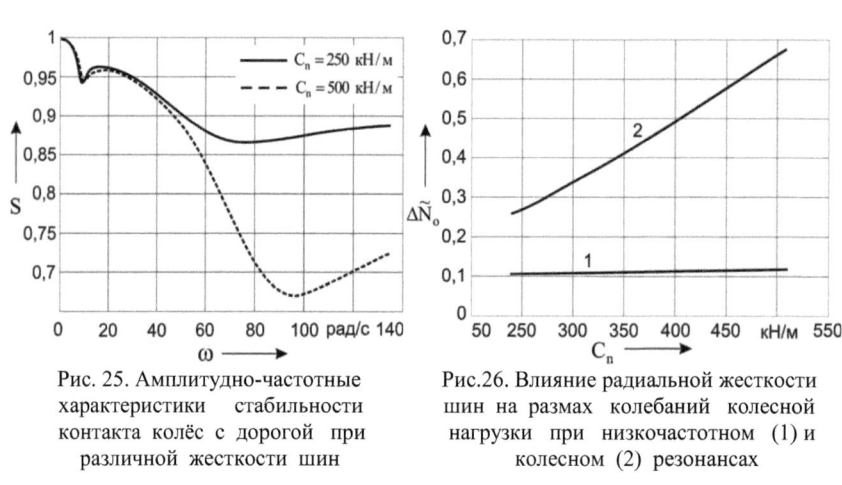

Рис. 25. Амплитудно-частотные характеристики стабильности контакта колёс с дорогой при различной жесткости шин

Рис.26. Влияние радиальной жесткости шин на размах колебаний колесной нагрузки при низкочастотном (1) и колесном (2) резонансах

Как следует из графиков АЧХ ускорений кузова (рис.24,*в*), изменения колёсной нагрузки на дорогу (рис.24,*г*) и стабильности контакта колес с дорогой (рис.25), влияние повышения радиальной жёсткости шин проявляется снижением качества подрессоривания (плавности хода и стабильности контакта колёс с дорогой) при высокочастотном резонансе и в зарезонансной области. Как видим на рис.26, изменение колёсной нагрузки на дорогу при ВЧР сильно зависит от жёсткости шин. Поэтому, во избежание ошибок при диагностировании амортизатора, необходимо контролировать давление воздуха в шинах, влияющего на жёсткость шин, а, следовательно, и на усилие, с которым колесо воздействует на виброплощадку диагностического стенда и величина которого используется в качестве показателя работоспособности амортизатора.

40

2. РЕГУЛИРОВАНИЕ ПОДВЕСКИ ГРУЗОВОГО АВТОМОБИЛЯ ПРИ ИЗМЕНЕНИИ ЗАГРУЖЕННОСТИ

В зависимости от степени загруженности масса подрессоренной части, приходящаяся на заднюю подвеску грузового автомобиля, изменяется в широких пределах. Влияние подрессоренной массы на плавность хода автомобиля довольно хорошо изучено: при нерегулируемой подвеске уменьшение величины подрессоренной массы сопровождается ухудшением плавности хода автомобиля при периодических и при случайных колебаниях[10,15]. Значительно менее исследовано влияние загруженности автомобиля на динамическую устойчивость движения, также как и плавность хода, характеризующая качество подрессоривания. Устойчивость движения автомобиля определяется стабильностью вертикальных реакций на колёсах и, связанных с ними, тангенциальных (продольных) и боковых реакций [2,10,11]. Изменение величин вертикальных реакций происходит в процессе колебаний автомобиля, при движении в повороте, интенсивном разгоне и торможении. При небольших изменениях реакций обеспечивается достаточная надежность сцепления шин с дорогой и, следовательно, возможность быстрого прохождения поворотов, быстрого разгона и торможения. С возрастанием изменения реакций ухудшаются управляемость и устойчивость автомобиля, снижаются тяговая и тормозная динамика, ухудшается топливная экономичность. Помимо этого, периодическое изменение тангенциальной силы в зоне контакта шин с дорогой повышает нагруженность трансмиссии и двигателя, увеличивает износ шин [14]. Учитывая важность изложенного, необходимо при оптимизации параметров подрессоривания с целью создания более совершенной конструкции, учитывать влияние подвески не только на плавность хода, но также и на стабильность силового контакта шин с дорогой, определяющую динамическую устойчивость автомобиля, связанную с безопасностью движения.

Основной целью данного исследования было изучить, какое влияние изменение в широких пределах массы подрессоренной части при нерегулируемой подвеске с постоянными коэффициентами жесткости упругих элементов подвески и сопротивления амортизаторов оказывает на плавность хода и стабильность контакта колес с дорогой. Оценивалось также изменение параметров собственных колебаний подрессоренной и неподрессоренной масс, а также возможность повышения качества подрессоривания регулированием упругого и неупругого сопротивлений подвески, при котором параметры собственных колебаний подрессоренной массы снаряжённого автомобиля остаются такими же, как и при полной загруженности.

Объектом исследования была выбрана задняя подвеска грузового автомобиля. Такой выбор объясняется тем, что, при снижении загруженности, нагрузка на переднюю ось грузового автомобиля изменяется мало, тогда, как загруженность заднего моста уменьшается в 4-5 раз. Принято, что правая и левая подвески моста объединяются в одну (плоская схема), упругие элементы подвески и амортизаторы расположены в плоскостях колес, а их упругие и демпфирующие свойства оцениваются приведенными характеристиками.

Колебания передней и задней частей автомобиля рассматривались, как несвязанные между собой [15], а в качестве колебательной системы, эквивалентной ходовой части, была принята двухмассовая линейная упруго-диссипативная система (см.рис.1,б) с параметрами: подрессоренная масса, приходящаяся на подвеску при полной загрузке автомобиля – M_p = 5000 кг и в снаряженном состоянии – 1000 кг; неподрессоренная масса M_n = 1000 кг; жесткость упругих элементов подвески $2C_p$ = 700 кН/м; радиальная жесткость шин $2C_n$ = 3200 кН/м; коэффициент сопротивления амортизаторов $2K_p$ = 30 кН·с/м; коэффициент демпфирования колебаний шинами $2K_n$ = 2 кН·с/м.

Исследовались установившиеся гармонические колебания автомобиля при кинематическом возбуждении со стороны дороги, формирующемся при вертикальном смещении неподрессоренных масс, в процессе копирования колесом линии дорожного микропрофиля. Оценочными параметрами колебаний автомобиля приняты: вертикальные перемещения и ускорения подрессоренной массы (кузова), перемещения неподрессоренной массы (колеса) и стабильность контакта колес с дорогой.

Для принятой к расчету динамической системы уравнения движения подрессоренной и неподрессоренной масс, когда неровности дороги служат источником кинематического возбуждения колебаний, имеют вид

$$M_p \cdot \ddot{Z}_p + 2C_p \cdot (Z_p - Z_n) + 2K_p \cdot (\dot{Z}_p - \dot{Z}_n) = 0 ; \qquad (65)$$

$$M_n \cdot \ddot{Z}_n - 2C_p \cdot (Z_p - Z_n) - 2K_p \cdot (\dot{Z}_p - \dot{Z}_n) + 2C_n \cdot (Z_n - q) + 2K_n \cdot (\dot{Z}_n - \dot{q}) = 0,$$

где Z_p и Z_n – вертикальные координаты центров подрессоренной и неподрессоренной масс, отсчитываемые от положения статического равновесия; $q = q_o \cdot \sin \omega t$ – возмущающая функция, характеризующая микропрофиль дороги; q_o – высота неровности; ω – частота колебаний, связанная с длиной 1 волны неровности и скоростью V_a автомобиля зависимостью $\omega = 2\pi \cdot V_a / 1$.

При исследовании использовался частотный метод анализа с оценкой качества работы подвески по амплитудно-частотным характеристикам, которые дают полное представление об установившихся колебаниях автомобиля при периодическом возмущении и служат основой для расчета случайных колебаний при заданной спектральной плотности дисперсии ординат микропрофиля дороги. Амплитудно-частотные характеристики вертикальных перемещений и уско-

42

рений кузова, перемещений колеса и оценочного показателя стабильности контакта колёс с дорогой рассчитывались по их передаточным функциям. Сами передаточные функции находились из решения уравнений движения (65) методами операционного исчисления с преобразованиями по Лапласу (см. разд.4). Численные значения параметров свободных колебаний динамической системы: собственных частот ω_p, ω_n и коэффициентов ψ_p, ψ_n относительного затухания колебаний подрессоренной и неподрессоренной масс, которые дают косвенное представление о качестве подрессоривания, находились, как корни характеристического (частотного) уравнения, соответствующего дифференциальным уравнениям свободных колебаний системы, решение, которого было рассмотрено ранее в разд.3. Изменение собственных частот и коэффициентов относительного затухания колебаний масс эквивалентной колебательной системы в зависимости от величины массы подрессоренной части показано на рис.27 и представлено в табл.3.

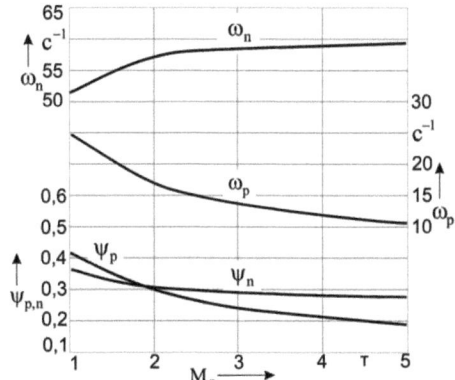

Рис.27. Влияние подрессоренной массы на частоты и коэффициенты относительного затухания колебаний подрессоренной и неподрессоренной масс

При уменьшении величины подрессоренной массы M_p частота собственных колебаний ω_p возрастает. Величина коэффициента h_p неупругого сопротивления подвески колебаниям подрессоренной массы (при неизменной регулировке амортизаторов) увеличивается в большей степени, следствием чего является наблюдаемое увеличение относительного затухания низкочастотных колебаний $\psi_p = h_p / \omega_p$.

Частота ω_n собственных колебаний неподрессоренной массы, с уменьшением величины массы подрессоренных частей снижается, что при неизменной регулировке амортизаторов проявляется увеличением относительного коэффициента затухания ψ_n высокочастотных собственных колебаний. При малых абсолютных значениях массы M_p, как видим, изменение параметров и низкочастотных, и высокочастотных собственных колебаний возрастает.

Амплитудно-частотные характеристики перемещений кузова и колеса при различной величине массы подрессоренной части показаны на рис.28. При уменьшении подрессоренной массы зона низкочастотного резонанса смещается в сторону больших частот с уменьшением амплитуды перемещений кузова (рис.28,*а*), как следствие возрастания собственной частоты и коэффици-

Параметры собственных колебаний системы при
различной массе подрессоренной части

M_p, Т	ω_p, рад/с	ψ_p	ω_n, рад/с	ψ_n
1	24,7	0,41	51,4	0,36
2	16,9	0,29	57,0	0,31
3	13,8	0,24	58,3	0,29
4	11,9	0,21	58,9	0,28
5	10,7	0,19	59,2	0,28

ента относительного затухания колебаний подрессоренной массы. Небольшое увеличение амплитуды резонансных колебаний кузова при $M_p = 1$т связано с усилением влияния неподрессоренных масс при значительном сближении значений низкой и высокой собственных частот ω_p и ω_n.

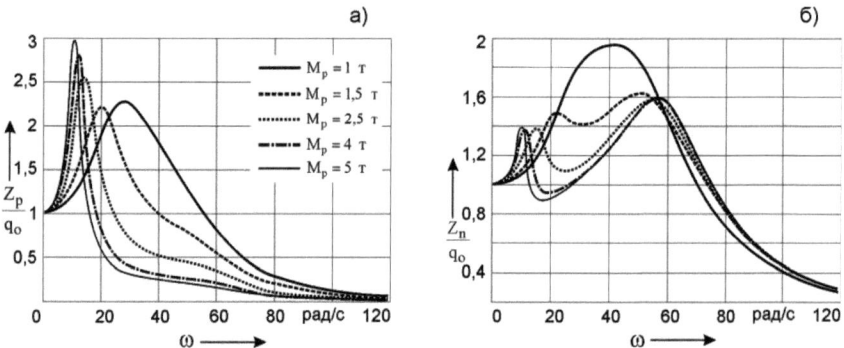

Рис.28. АЧХ при различной величине подрессоренной массы:
а – перемещения кузова; б – перемещения колеса

На характеристике перемещений колеса (рис.28,*б*) при больших абсолютных значениях M_p наблюдаются два выраженных максимума: при высокочастотном (колесном) резонансе и второй, вызванный влиянием подрессоренных масс, при низкочастотном резонансе. С уменьшением массы подрессоренной части максимумы перемещений колеса сближаются, вызывая увеличение перемещений колеса в межрезонансной области. При значении $M_p = 1$т диапазон частот с наибольшими амплитудами перемещений колеса расширяется и включает в себя области низкочастотного и высокочастотного резонансов, вследствие значительного сближения собственных частот колебаний ω_p и ω_n (рис.27 и табл.3), с одним выраженным максимумом в межрезонансной частотной области. Наблюдаемое при уменьшении массы подрессоренной части небольшое снижение уровня колебаний колеса в зарезонансной области вызвано смещением высокочастотного резонанса в область меньших частот колебаний.

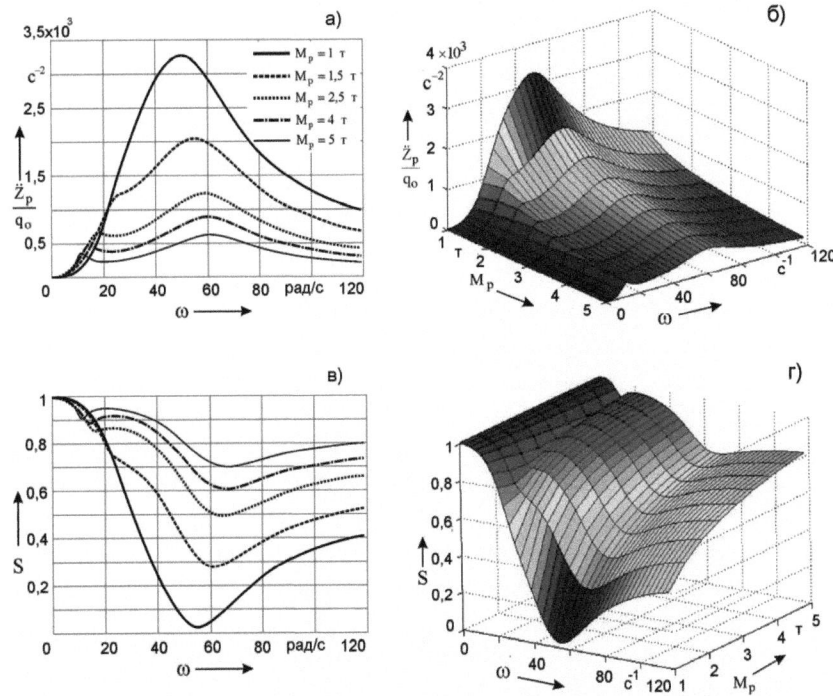

Рис. 29. АЧХ при различной массе подрессоренной части:
а, б – ускорения кузова; в, г – стабильность колесной нагрузки ($q_o = 2$ мм)

Влияние массы подрессоренной части на плавность хода автомобиля представлено на рис.29,*а* и 29,*б* амплитудно-частотными характеристиками вертикальных ускорений кузова. При значениях массы M_p, равных 5; 4 и 2,5т характеристики ускорений кузова, как и характеристики перемещений колеса (рис.28,*б*), имеют по два выраженных максимума: при низкочастотном резонансе и при высокочастотном. Высокочастотный максимум ускорений кузова, несмотря на значительно меньшую амплитуду перемещений Z_p (рис.28,*а*), превышает по величине низкочастотный максимум. Это означает, что в области колёсного резонанса, при линейной зависимости ускорения от перемещения и квадратичной – от частоты колебаний, увеличение частоты колебаний на

величину ускорения кузова влияет сильнее, чем уменьшение амплитуды перемещения. При уменьшении массы подрессоренной части ускорения кузова увеличиваются в широком диапазоне частот, начиная с области низкочастотного
резонанса и выше. Наблюдаемый рост ускорений кузова объясняется смещением АЧХ перемещений кузова в область более высоких частот колебаний, а
также усилением динамического воздействия на подрессоренные части автомобиля неровностей дороги из-за возрастания относительной массы неподрессоренных частей M_n / M_p. Вследствие возрастания ускорений кузова в межрезонансной области низкочастотный максимум ускорений кузова при уменьшении величины подрессоренной массы проявляется всё менее заметно и при значениях M_p, равных 1.5 и 1т, уже не наблюдается.

Амплитудно-частотные характеристики стабильности контакта колёс с
дорогой при различной величине подрессоренной массы приведены на рис.29,*в*
и *г*. При значениях массы M_p, равных 5; 4 и 2.5т, на каждой характеристике
$S(\omega)$ наблюдаются два выраженных минимума стабильности контакта, распо-
ложенные в зонах низко – и высокочастотного резонансов. При уменьшении
массы подрессоренной части стабильность контакта снижается почти на всех
частотах, исключая небольшую дорезонансную область, и связано, как с
уменьшением величины статической колёсной нагрузки Ga_k, так и с увеличением перемещений колеса (см. рис.28,*б*). В зарезонансной частотной области,
где при уменьшении массы M_p амплитуда перемещений колеса, как видим, незначительно, но уменьшается. Поэтому снижение здесь стабильности контакта
связано только с уменьшением статической нагрузки Ga_k. Ухудшение стабильности контакта колёс с дорогой в межрезонансной области, наблюдаемое
при уменьшении массы подрессоренной части, объясняется влиянием низкочастотного и высокочастотного резонансов, которое усиливается при сближении низкой и высокой частот собственных колебаний. В результате, как видим
на рис.29,*в* и *г*, минимум стабильности контакта в зоне низкочастотного резонанса с уменьшением величины подрессоренной массы проявляется всё менее
заметно, а при M_p = 1.5 и 1т на амплитудно-частотных характеристиках $S(\omega)$
наблюдается уже только один минимум, расположенный в области высокочастотного резонанса.

Согласно данным, представленным в табл.3, при уменьшении приходя-
щейся на рассматриваемую подвеску величины массы подрессоренных частей
в 5 раз, собственная частота её колебаний возрастает более чем в 2 раза. Как
отмечено в работе [15], «при таком увеличении частоты существенно ухудшит-
ся качество подрессоривания и чрезмерно повысится интенсивность колебаний
в кузове автомобиля. Поэтому для повышения плавности хода грузового авто-

мобиля при работе без груза и с неполной нагрузкой задние рессоры должны иметь переменную или регулируемую жёсткость».

Принимая во внимание изложенное, целью первого этапа ставилось исследовать работу ски, жесткость упругих элементов которой при уменьшении загруженности автомобиля снижалась с расчётом, чтобы частота собственных колебаний подрессоренной массы оставалась неизменной ($\omega_p = \text{const}$). На рис.30 приведена графическая зависимость жесткости упругих элементов подвески от величины подрессоренной массы, при которой обеспечивается постоянство величины низкой частоты собственных колебаний, равной $\omega_p = 10{,}7$ рад/с и соответствующее значению собственной частоты при полной загруженности автомобиля. Численные значения жесткостей упругих элементов подвески и параметров низкочастотных и высокочастотных собственных колебаний, определяемые из решения характеристического уравнения, приведены в табл.4.

Как видим, при регулировании жёсткости подвески из условия сохранения $\omega_p = \text{const}$, при уменьшении массы подрессоренной части с 5 до 1т коэффициент относительного затухания низкочастотных колебаний ψ_p увеличивается

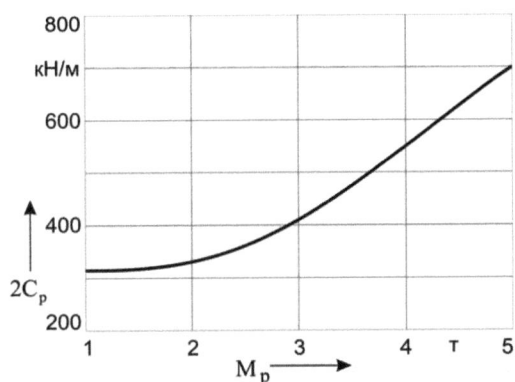

Рис.30. Изменение жесткости подвески в зависимости от величины подрессоренной массы при сохранении неизменной частоты собственных колебаний ($\omega_p = \text{const}$)

с 0.188 до 0.844, т.е. почти пропорционально изменению величины массы подрессоренной части, тогда как усиление демпфирования (затухания) высокочастотных собственных колебаний, характеризуемое увеличением коэффициента относительного затухания ψ_n с 0.275 до 0.305 – незначительно и связано, главным образом, с небольшим снижением высокой частоты собственных колебаний.

Жесткости подвески и параметры собственных
колебаний системы в зависимости от массы
подрессоренной части при ω_p = const

M_p, Т	$2C_p$, кН/м	ω_p, рад/с	ψ_p	ω_n, рад/с	ψ_n
1	314	10,7	0,844	48,3	0,305
2	315	10,7	0,545	53	0,298
3	415	10,7	0,361	55,5	0,291
4	550	10,7	0,253	57,5	0,283
5	700	10,7	0,188	59,2	0,275

На рис.31 приведены два варианта АЧХ снаряжённого автомобиля: при одинаковой с груженым состоянием автомобиля жесткости подвески $2C_p$ = 700 кН/м (кривые 1) и при жёсткости, сниженной до 314 кН/м (кривые 2), при которой сохраняется одинаковая с груженым автомобилем собственная частота колебаний подрессоренной массы.

Сравнивая кривые 1 и 2, видим, что снижение жесткости подвески уменьшает, вследствие резкого возрастания коэффициента относительного затухания низкочастотных колебаний, перемещения кузова (рис.31,а) в зоне низкочастотного резонанса. Поскольку при высокочастотном резонансе амплитуда перемещений изменяется мало, то усиление демпфирования низкочастотных колебаний, приводит к смещению максимума перемещений кузова в зону колёсного резонанса, где амплитуда перемещений во многом определяется влиянием резонанса неподрессоренных масс. В зарезонансной области влияние регулирования жёсткости подвески на перемещения кузова несущественно.

На перемещения колеса (рис.31,в) влияние снижения жесткости подвески проявляется увеличением амплитуды перемещений в области колёсного резонанса, как следствие ослабления демпфирования колебаний неподрессоренных масс (табл.3 и табл.4).

Влияние регулирования жесткости подвески на ускорения кузова показано на (рис.31,б). Как положительный результат можно отметить небольшое снижение ускорений в меж- и зарезонансной областях. В зоне высокочастотного резонанса ускорения кузова хотя и возрастают, но сужается полоса частот колебаний, в которой действуют наибольшие ускорения.

Стабильность контакта колёс с дорогой (рис.31,*г*) при уменьшенной жёсткости подвески, согласно характеристике перемещений колеса (рис.31,*в*), снижается в области высокочастотного резонанса при небольшом повышении в межрезонансной частотной области.

На рис.31, кроме АЧХ снаряжённого автомобиля, приведены такие же характеристики автомобиля груженого (кривые А). Сравнивая кривые 2 и кривые А, видим: если уменьшение массы подрессоренной части сопровождать снижением жёсткости подвески с целью сохранения $\omega_p = \text{const}$, то существенного улучшения качества подрессоривания не происходит и снаряженный автомобиль, по – прежнему, значительно уступает груженому и по плавности хода, и по стабильности контакта колёс с дорогой.

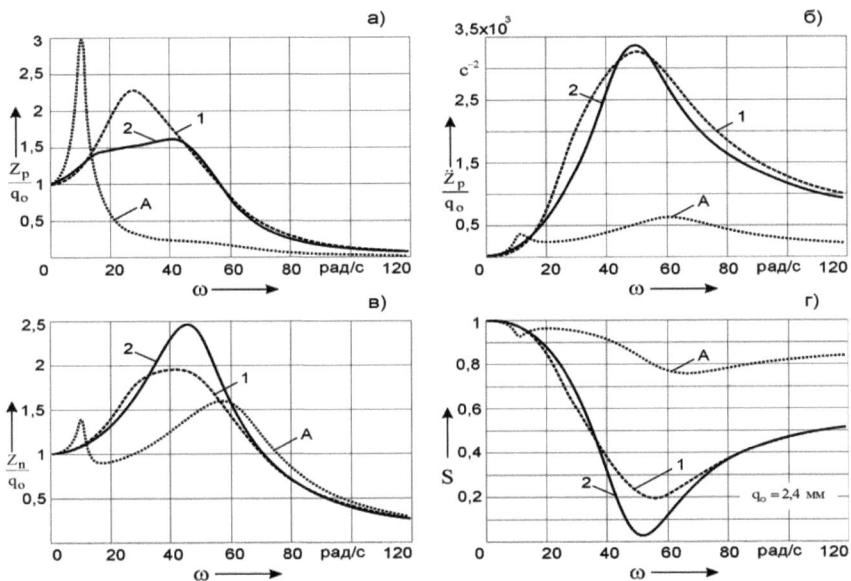

Рис.31. АЧХ груженого автомобиля (А) и снаряженного с неизменной жесткостью подвески (1) и с жесткостью, обеспечивающей одинаковую с груженым автомобилем низкую собственную частоту колебаний (2):
      а – перемещения кузова;   б – ускорения кузова;
      в – перемещения колеса;   г – стабильность колесной нагрузки

Плавность хода автомобиля заметно повышается, если уменьшение массы подрессоренных частей сопровождать регулированием подвески, при котором неизменными поддерживаются собственная частота и относительный коэффициент затухания колебаний подрессоренной массы.

Необходимые для сохранения $\omega_p = const$ и $\psi_p = const$ значения жесткостей упругих элементов подвески и коэффициентов сопротивления амортизаторов находились из решения частотного уравнения. Они представлены графиком на рис.32, а также в табл.5, где приведены и параметры собственных колебаний подрессоренной и неподрессоренной масс.

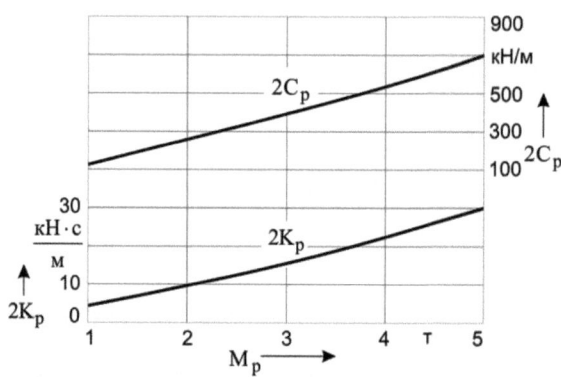

Рис.32. Изменение жесткости подвески и сопротивления амортизаторов в зависимости от массы подрессоренной части при сохранении $\omega_p = const$ и $\psi_p = const$

Таблица 5

Параметры подрессоривания и собственных колебаний в зависимости от массы подрессоренной части при условии $\omega_p = const$ и $\psi_p = const$

M_p, Т	$2C_p$, кН/м	$2K_p$, кН·с/м	ω_p, рад/с	ψ_p	ω_n, рад/с	ψ_n
1	121	4,3	10,7	0,188	57,4	0,060
2	251	9,4	10,7	0,188	58,2	0,103
3	391	15,3	10,7	0,188	58,8	0,154
4	540	22,1	10,7	0,188	59,2	0,211
5	700	30	10,7	0,188	59,2	0,275

На рис.33 представлены амплитудно-частотные характеристики снаряженного автомобиля без регулирования (кривые 1) и с регулированием упругого и неупругого сопротивлений подвески (кривые 2). Для сравнения приведены и АЧХ автомобиля полностью груженого (кривые А).

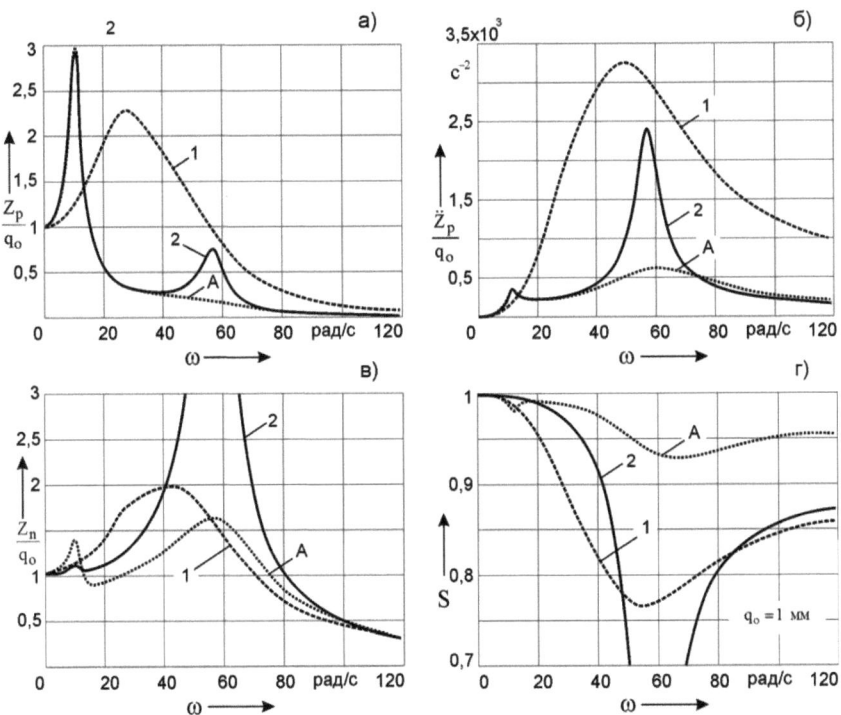

Рис.33. АЧХ груженого автомобиля (А) и снаряженного автомобиля без регулирования подвески (1) и при регулировании упругого и неупругого сопротивлений с сохранением $\omega_p = \text{const}$ и $\psi_p = \text{const}$ (2):

a – перемещения кузова; б – ускорения кузова;
в – перемещения колеса; г – стабильность колесной нагрузки

Из рассмотрения представленных на рис. 33,б амплитудно-частотных характеристик следует, что при регулировании подвески из условия с сохранения $\omega_p = \text{const}$ и $\psi_p = \text{const}$ плавность хода снаряжённого автомобиля улучшается почти на всех частотах (кривые 2 и 1) и заметно приближается к плавности хода автомобиля груженого (кривая А). При низкочастотных колебаниях и в межрезонансной области АЧХ перемещений кузова (рис.33,а) и ускорений (рис.33,б) кузова автомобилей снаряженного (кривые 2) и груженого (кривые А) почти совпадают. В зоне высокочастотного резонанса амплитуды перемещений и ускорений кузова снаряжённого автомобиля уменьшаются незначительно, оставаясь, по – прежнему, более высокими, чем у автомобиля полностью гружёного. Объясняется это тем, что уменьшение массы подрессоренной части с 5 до 1т потребовало для сохранения $\omega_p = const$ и $\psi_p = const$ снижения коэффициента сопротивления амортизаторов с 30 до 4,4 кН·с/м, что привело к шестикратному уменьшению относительного коэффициента затухания высокочастотных колебаний (с $\psi_n = 0.36$ (табл.3) до $\psi_n = 0.06$ (табл.5)). Резкое ослабление демпфирования сопровождается ростом интенсивности колебаний неподрессоренных масс (рис.33,в) и усилением их влияния на подрессоренную массу, выразившимся в увеличении амплитудных значений перемещений и ускорений кузова при высокочастотном резонансе.

В отличие от высокочастотного резонанса, в зарезонансной частотной области, где скорости относительного перемещения поршня амортизатора и создаваемое им сопротивление возрастают даже при малых амплитудах колебаний, уменьшение коэффициента сопротивления амортизатора оказывается полезным, так как при этом уменьшаются и усилия, передаваемые через амортизаторы на кузов, и ускорения кузова, вызываемые этими усилиями. Сравнивая кривые 2 и 1 на рис.33,г, видим, что при регулируемой подвеске стабильность контакта колёс с дорогой снаряжённого автомобиля повышается в межрезонансной и зарезонансной областях. В межрезонансной зоне стабильность контакта повышается вследствие уменьшения амплитуды перемещений колеса (рис.33,в). В отличие от межрезонансной в зарезонансной частотной области перемещения колеса незначительно, но увеличиваются. Улучшение в этой зоне стабильности контакта объясняется уменьшением величины относительного перемещения колеса Z_n – q. Это происходит из-за уменьшения отставания по фазе φ_{Z_n} (п.1.4, форм. 40) перемещений колеса Z_n от возмущающего воздействия дороги q, что является следствием снижения величины коэффициента сопротивления амортизатора с 30 до 4,4 кН·с/м. Такое резкое снижение демпфирующей способности амортизатора сопровождается значительным возрастанием перемещений колеса и снижением стабильности его контакта с дорогой в области высокочастотного резонанса.

Из сравнения представленных на рис.33,г графиков следует, что при регулировании жёсткости подвески и сопротивления амортизаторов из условия сохранения $\omega_p = const$ и $\psi_p = const$ стабильность силового контакта колёс с дорогой снаряжённого автомобиля (кривая 2) улучшается несущественно и остаётся значительно более низкой, по сравнению со стабильностью контакта в полностью гружёном состоянии автомобиля (кривая А). Это означает, что на снижение стабильности контакта большое влияние оказывает уменьшение колёсной нагрузки на дорогу, определяемой весом подрессоренных частей (см. форм. 59) и которое при малых абсолютных значениях M_p становится всё значительнее и определяющим низкий уровень стабильности силового контакта колёс с дорогой.

Основываясь на результатах проведенного расчетного исследования влияния изменения в широких пределах массы подрессоренных частей на качество подрессоривания автомобиля можно сделать следующие выводы:

- при нерегулируемой подвеске с постоянными коэффициентами жесткости упругих элементов и сопротивления амортизаторов уменьшение массы подрессоренной части сопровождается не только значительным ухудшением плавности хода автомобиля, но и снижением стабильности контакта колес с дорогой, влияющей на динамическую устойчивость движения. Снижение плавности хода связано с возрастанием динамического воздействия на автомобиль неровностей дороги вследствие увеличения относительной массы неподрессоренных частей. Снижение стабильности силового контакта колёс с дорогой происходит вследствие уменьшения статической деформации шины от нагрузки, создаваемой весом подрессоренных частей;

- если при уменьшении массы подрессоренной части снижать жесткость подвески с целью сохранить неизменной частоту собственных колебаний, то плавность хода и стабильность контакта колес с дорогой улучшаются несущественно и снаряженный автомобиль, по-прежнему, будет значительно уступать по этим показателям автомобилю груженому);

- плавность хода снаряженного автомобиля может быть значительно повышена и приближена к плавности хода автомобиля груженого, если при уменьшении массы подрессоренной части снижать жесткость подвески и сопротивление амортизаторов, чтобы неизменными оставались не только собственная частота и относительный коэффициент затухания колебаний подрессоренных массе. При таком регулировании амплитудно-частотные характеристики ускорений кузова снаряженного и груженого автомобилей почти совпадают в широком диапазоне частот, исключая только область высокочастотного резонанса, где снижение уровня ускорений несущественно;

- при регулировании упругого и неупругого сопротивлений подвески стабильность контакта колес снаряженного автомобиля с дорогой улучшается, но незначительно. В межрезонансной и зарезонансной областях стабильность несколько повышается, но при колёсном резонансе она резко снижается из-за ослабления демпфирования колебаний неподрессоренных масс при уменьшении сопротивления амортизаторов, необходимого для поддержания $\omega_p = const$ и $\psi_p = const$. В сравнении с гружёным состоянием, стабильность контакта колёс с дорогой снаряжённого автомобиля сохраняется на более низком уровне. Это происходит почти на всём диапазоне частот и объясняется уменьшением, при снижении загруженности автомобиля, действующей на колёса вертикальной нагрузки, создаваемой весом подрессоренных масс и уменьшением, связанной с этой нагрузкой, радиальной деформации шины, величина которой ограничивает предельную амплитуду перемещений колеса из условия динамической устойчивости движения.

БИБЛИОГРАФИЧЕСКИЙ СПИСОК

1. Куропаткин П. В. Теория автоматического управления. – М.: Высшая школа. – 1973. – 528 с.

2. Любимов И. И., Буйлов Ю.А. Исследование связи увода колес с жесткостью подвески // Вестник Саратовского государственного технического университета. – 2013. – № 2 (70). – С. 192-195.

3. Любимов И. И. Динамика колесной нагрузки при колебаниях автомобиля // Вестник Саратовского государственного технического университета. – 2004. – № 4 (5). – С. 33-38.

4. Любимов И. И. О расчете собственных колебаний автомобиля // Вестник Саратовского государственного агроуниверситета. – 2005. – № 1. – С. 42-45.

5. Окунев Л. Я. Высшая алгебра. – М.: Просвещение. – 1966. – 335 с.

6. Пановко Я.Г.Основы прикладной теории колебаний и удара. – Л.: Машиностроение. – 1976. – 320 с.

7. Певзнер Я. М., Гридасов Г. Г., Конев А. Д., Плетнев А. Е. Колебания автомобиля. Испытания и исследования – М.: Машиностроение. – 1979. – 208 с.

8. Певзнер Я. М., Конев А.Д., Гридасов Г.Г., Рост В.П. Оценка стабильности контакта колес с дорогой на стенде // Автомобильная промышленность. – 1975. – № 5. – С. 29-30.

9. Раймпель Й. Шасси автомобиля: Амортизаторы, шины, колёса. – М.: Машиностроение. – 1986. – 320 с.

10. Ротенберг Р. В. Подвеска автомобиля. – М.: Машиностроение. –1972. – 392 с.

11. Селифанов В.В., Баулина Е.Е. Влияние характеристик подвески на управляемость автомобиля // Автотранспортное предприятие. – 2003. – № 2. – С.26-28.

12. Тимошенко С. П. Теория колебаний в инженерном деле. – М.: Машиностроение. – 1985. – 472 с.

13. Шостак Р. Я. Операционное исчисление. – М.: Высшая школа. – 1972. – 280 с.

14. Яценко Н.Н. Колебания, прочность и форсированные испытания грузовых автомобилей. – М.: Машиностроение. – 1972. – 382 с.

15. Яценко Н. Н., Прутчиков О. К. Плавность хода грузовых автомобилей. – М.: Машиностроение. – 1968. – 220 с.